中学入試 まんが攻略BON!

理科

水溶液・気体・ものの燃え方

Gakken

理科 水溶液・気体 ものの燃え方

もくじ

★ この本の効果的な使い方 …………………………………………… 4

第1章 もののとけ方

1 水溶液って何だ？ ………………………………………………… 8
2 水溶液のこさ ……………………………………………………… 14
▶▶▶ もののとけ方 ▶重要ポイントのまとめ …………………… 20
　　　　　　　　▶基本例題で確認 ……………………………… 21
　　　　　　　　▶入試問題に挑戦!! …………………………… 22
3 とけているものを取り出せ！ …………………………………… 24
▶▶▶ とけているものを取り出す ▶重要ポイントのまとめ …… 32
　　　　　　　　　　　　　　　▶基本例題で確認 …………… 33
　　　　　　　　　　　　　　　▶入試問題に挑戦!! ………… 34
● ハイレベル総合問題「もののとけ方」……………………………… 36
知っ得！情報　ろ過のしかた・メスシリンダーの使い方 ………… 38

第2章 水溶液の性質

1 酸とアルカリ ……………………………………………………… 40
2 酸とアルカリを混ぜると ………………………………………… 47
3 ちょうど中和させるには ………………………………………… 53
▶▶▶ 酸とアルカリ・中和 ▶重要ポイントのまとめ …………… 58
　　　　　　　　　　　　▶基本例題で確認 ………………… 59
　　　　　　　　　　　　▶入試問題に挑戦!! ……………… 60
4 水溶液を見分ける！ ……………………………………………… 62
▶▶▶ 水溶液の性質 ▶重要ポイントのまとめ ………………… 70

	▶基本例題で確認	71
	▶入試問題に挑戦!!	72
●ハイレベル総合問題「水溶液の性質」		74
知っ得！情報　原子・分子・イオンと中和		76

第3章　気体

1　水素の性質		78
2　酸素の性質		84
3　二酸化炭素の性質		90
▶▶▶気体の性質	▶重要ポイントのまとめ	96
	▶基本例題で確認	97
	▶入試問題に挑戦!!	98
4　気体の発生量は…？		100
▶▶▶アンモニア・気体の発生と量	▶重要ポイントのまとめ	108
	▶基本例題で確認	109
	▶入試問題に挑戦!!	110
●ハイレベル総合問題「気体の性質」		112
知っ得！情報　ガスバーナーの使い方		114

第4章　ものの燃え方

1　ものが燃えるしくみ		116
2　ろうそくの燃え方		121
3　炭や鉄を燃やすと…？		125
▶▶▶ものの燃え方	▶重要ポイントのまとめ	134
	▶基本例題で確認	135
	▶入試問題に挑戦!!	136
●ハイレベル総合問題「ものの燃え方」		138
知っ得！情報　木のむし焼き		140
★　答えと解説		141

この本の効果的な使い方

★まんがで楽しく中学入試対策！

　この本は、入試でよく問われる知識や考え方を、まんがでわかりやすく理解できるように工夫してあります。まんがを楽しく読みながら、中学受験生の多くが苦手とする「水溶液」や「気体」、「ものの燃え方」の分野がスイスイわかるようになります。基本的な内容を中心に取り上げているので、中学入試の入門書として最適です。

　また、重要なポイントは、特に目立つようにしているので、効率よく学習することができます。

重要 のマークがついているところは要チェックだ！大事なことが書いてあるから注意して読めよ！

不思議の世界の案内人 タグ

★重要ポイントをチェックして、入試問題で実力をつけよう！

　まんがのあとには、各項目ごとに「**重要ポイントのまとめ**」のページと、おもにまんがの中に出てきた問題のくわしい解説「**基本例題で確認**」がのっています。しっかり確認しておきましょう。内容がわかったら、「**入試問題に挑戦!!**」で、実際に入試で出題された問題にチャレンジして、力をつけましょう。

　章末の「**ハイレベル総合問題**」は、難関校で出題された、とても難しい問題です。難関校をめざす人は、ぜひ挑戦してみましょう。

★登場人物

水野リカコ
瑞希小学校の6年生。得意な教科は理科と算数。まじめで仕切りたがりの学級委員長。

北井マナブ
リカコのクラスメイト。学校の成績はイマイチだが運動神経はバツグン。考える前に行動してしまう直感型。

★らん外情報も見ておくとお得！

　らん外には、くわしい情報やミニ知識、一問一答の問題がのっています。これらも見のがさずに読んでおくと、理解が深まります。

第 1 章 ▶▶▶ もののとけ方

砂糖や塩が水にとけることは知っていますね。でも、「とける」ってどういうことでしょうか？ 水に砂を入れるととける？ 牛乳は、水溶液でしょうか…？

この章は、「ものがとける」とはどういうことなのかや、水溶液のこさなどについてのお話です。

リカコとマナブといっしょに、不思議な化学の世界へ、冒険に出かけよう！

1 水溶液って何だ？ ……………………… 8

2 水溶液のこさ ……………………… 14

3 とけているものを取り出せ！ ……………… 24

1 水溶液って何だ？

第1章 もののとけ方

 ろ紙…ふつう、理科の実験に使う「ろ紙」は紙でできている。紙は植物のせんいが細かくからみ合い重なっている。そのすきまが、つぶの大きさを分けるふるいの役割をする。

1 水溶液って何だ？

★水溶液の特ちょう
- とかしたものは、小さなつぶになって、水全体に均一に広がる。
- とう明な液になる。

用語
溶液…溶質がとけた液体。溶媒が水の溶液を水溶液という。
溶質…食塩、砂糖など、とけている物質。
溶媒…水など、溶質をとかす液体。

第1章 もののとけ方

|くわしく| **水にとけないもの**…水に入れてもつぶが小さくならず、水と混ざり合う性質がないものは、かき回しても、しばらくすると底にたまったり浮いたりする。

2 水溶液のこさ

くわしく　比例…Aの量を2倍、3倍にすると、Bの量も2倍、3倍になるとき、「BはAに比例する」、また、「AとBは比例の関係にある」という。

第1章 もののとけ方

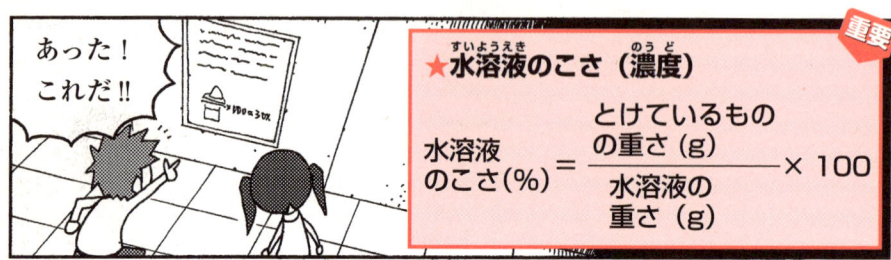

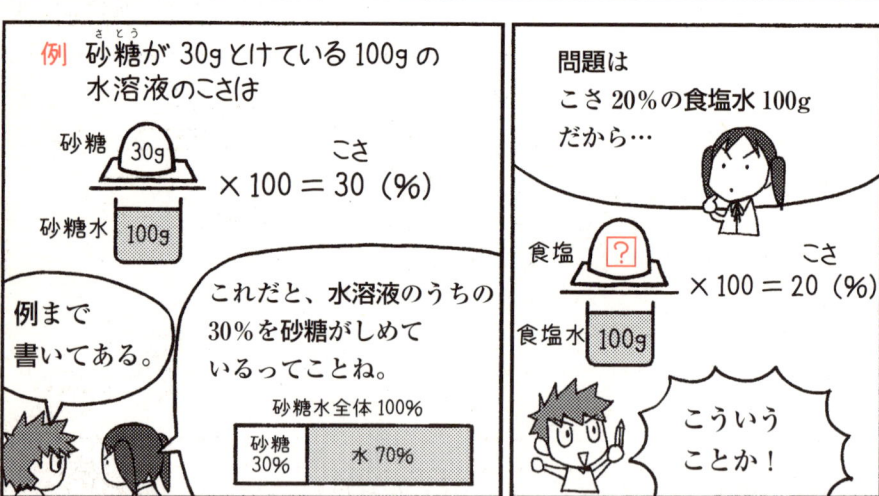

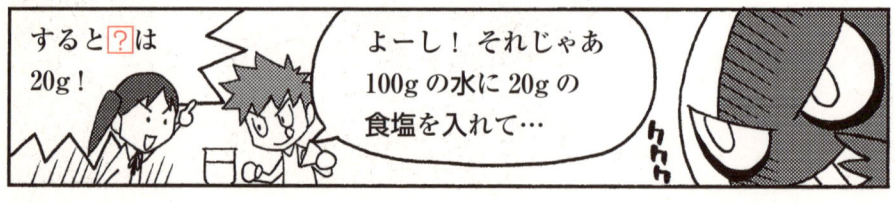

問題 マナブがやろうとしていたように、もし100gの水に20gの食塩をとかして120gの食塩水をつくった場合、この食塩水のこさは何%になっていたでしょうか。
（割り切れないときは、小数第2位を四捨五入）

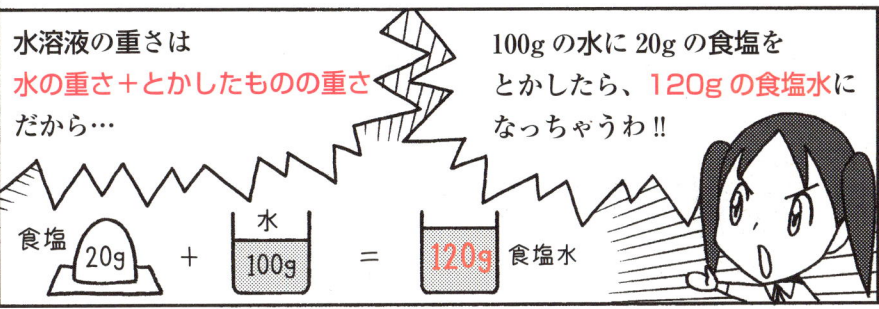
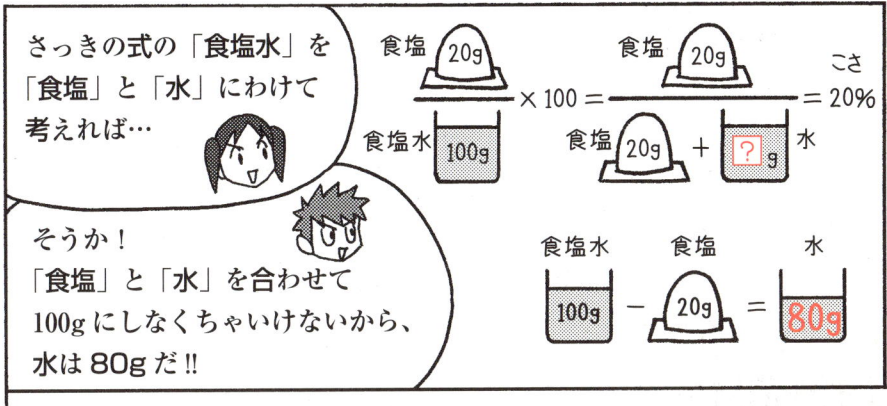

答え 16.7%
$$\frac{20}{(100+20)} \times 100 = 16.66\cdots \quad よって 16.7$$

重要ポイントのまとめ　▶▶▶ もののとけ方

1 水溶液とは

物質が水にとけている液を、その物質の水溶液という。

とけている物質によって、次のようなものがある。

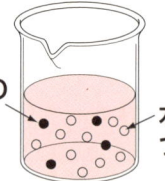

重要 ●気体がとけたもの
…炭酸水（二酸化炭素）、塩酸（塩化水素）、アンモニア水（アンモニア）など。

●液体がとけたもの…アルコール水、酢、過酸化水素水など。

基本 ●固体がとけたもの…水酸化ナトリウム水溶液、ホウ酸水溶液、石灰水、食塩水、砂糖水など。

2 水溶液の性質

●とう明である（すき通っている）。→ただし、色がついていることがある。

基本 ●こさは一定（均一）である。→時間がたっても変化しない。

3 水溶液のこさ

水溶液全体の重さに対する、とけているものの重さの割合（パーセント）を、こさ（濃度）という。

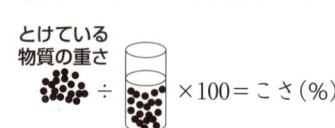

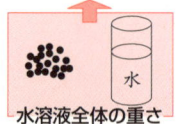

入試に役立つ こさの式を活用する！

- とけているものの重さ ＝ 全体の重さ × こさ ÷ 100
- 全体の重さ ＝ とけているものの重さ ÷ （こさ ÷ 100）

第1章 もののとけ方

まんがのおさらい
基本例題で確認

水溶液について、次の問いに答えなさい。
(1) 次のうち、水溶液とはいえないものはどれですか。すべて選びなさい。
　ア 牛乳　イ 紅茶　ウ みそ汁　エ しょう油
(2) 25gの食塩を、100gの水に入れて全部とかしました。この食塩水のこさは、何%ですか。
(3) 15%の砂糖水200gがあります。この中にとけている砂糖の重さは何gですか。

解き方 ▶▶▶

(1) ①水溶液といえるためには、**とう明**でなければなりません。牛乳やみそ汁はとう明ではないので、水溶液とはいえません。
　②紅茶やしょう油は色がついていますが、光にすかして見るととう明な液体であることがわかります。したがって、水溶液といえます。

(2) ①食塩水全体の重さは、25 + 100 = 125(g)です。
　②こさを求める公式より、こさは、25 ÷ 125 × 100 = 20(%)になります。

(3) ①水溶液(砂糖水)全体の重さは200gです。
　②とけている砂糖の重さを□gとすると、□ ÷ 200 × 100 = 15 が成り立ちます。
　③□ ÷ 200 = 15 ÷ 100 より、□ = 15 ÷ 100 × 200 = 30(g)となります。

答え (1) ア、ウ　(2) 20%　(3) 30g

入試問題に挑戦!! もののとけ方

1 もののとけ方の問題

こさのちがうA〜Dの食塩水をつくりました。下の表を参考にして、あとの問いに答えなさい。　　　　　　　　　　　　　〈東海大附属浦安中改題〉

100gの水にとける食塩の量						
温度(℃)	0	20	40	60	80	100
食塩(g)	35.7	35.8	36.3	37.1	38.0	39.3

A；80℃で水100gに食塩10gをとかした食塩水
B；60℃で水80gに食塩10gをとかした食塩水
C；40℃で水80gに食塩20gをとかした食塩水
D；20℃で水100gに食塩20gをとかした食塩水

(1) 温度を変えずに、AとDの食塩水にさらに食塩を20gずつ加え、よくかき混ぜました。このとき、AとDの溶液はどのようになりますか。次のア〜エより1つ選び、記号で答えなさい。

　ア．AもDも食塩がとけ残った。　　　　　　　　〔　　　〕
　イ．AもDも食塩はすべてとけた。
　ウ．Aは食塩がとけ残り、Dはすべてとけた。
　エ．Aは食塩がすべてとけ、Dはとけ残った。

(2) Bの食塩水には、60℃であと何gの食塩をとかすことができますか。必要ならば小数第2位を四捨五入し、小数第1位までの数で答えなさい。　　　　　　　　　　　　　〔　　　〕

(3) A〜Dのうち、最もこい食塩水はどれですか。　〔　　　〕

ヒント!!
1 (2) 60℃の水80gには、食塩が、$37.1 \times \dfrac{80}{100} = 29.68 \to 29.7g$ とける。
　(3) 食塩がすべてとけていれば、濃度は温度には関係しない。

第1章 もののとけ方

答えと解説…141ページ

2 水溶液のこさの問題

水溶液について、次の問いに答えなさい。　　　＜獨協中改題＞

(1) 120gの水に5gの砂糖をとかすと、濃度は何％になりますか。
〔　　　　　〕

(2) 5gの食塩を水にとかして5％の食塩水をつくります。水は何g必要ですか。
〔　　　　　〕

(3) 10％の食塩水100gと10％の砂糖水100gを混ぜると、どうなりますか。次のア～エのうち、正しいものを2つ選び、記号で答えなさい。
〔　　　　　〕

　ア．混ぜ合わせた溶液の重さは200gである。
　イ．混ぜ合わせた溶液の重さは、200gより軽くなる。
　ウ．混ぜ合わせた溶液の食塩の濃度は、10％より大きい。
　エ．混ぜ合わせた溶液の食塩の濃度は、10％より小さい。

3 水溶液のこさの問題

次のア～エのうち、最もこい食塩水はどれですか。記号で答えなさい。ただし、食塩水の体積は、水だけのときより少しふえるものとします。　　　＜日本大学第三中改題＞

〔　　　　　〕

　ア．水100cm³に食塩を10gとかした。
　イ．水50cm³に食塩を5gとかした。
　ウ．食塩10gを水にとかして、体積を150cm³とした。
　エ．食塩20gを水にとかして、体積を100cm³とした。

ヒント

3 エ…水だけの体積は100cm³より小さくなっています。

3 とけているものを取り出せ！

第1章 もののとけ方

温度	20℃	40℃	60℃	80℃
食塩（g）	35.8	36.3	37.1	38.0
ミョウバン（g）	11.4	23.8	57.4	321.6

マメ知識 ▶ 水の温度を上げると溶解度（100gの水にとける限度の量）が大きくなる物質が多い。しかし水酸化カルシウムのように、温度が上がるほど溶解度が小さくなる物質もある。また、気体は、水の温度が上がるほど溶解度は小さくなる。

第1章 もののとけ方

第1章 もののとけ方

では、2つ目のナゾ。

ふう…もうあせだくだ。

この食塩水からとけている食塩を取り出せ。

どうしよう……とけているものはろ紙も通過しちゃうのよね。

おいリカコ!!

さんざん走らせやがって!!

見ろ！ここなんかあせがかわいて塩ふいてるぞ！

あせが…かわいて塩……!!

それよ!!

へ？

水を蒸発させてなくせばいいのよ！

ホラ！マナブ!!走って!!

え??? 何でまた…

つべこべ言わずに走る!!

マメ知識　塩酸（塩化水素の水溶液）や炭酸水（二酸化炭素の水溶液）などの気体がとけた水溶液は、熱すると、とけていた気体が空気中ににげてしまうので、取り出すことは難しい。

第1章 もののとけ方

マメ知識 重さをはかることができれば、水溶液を約77g $\left(115 \times \dfrac{10}{15}\right)$ はかり取って水を蒸発させ、ホウ酸を約10g取り出すことができる。

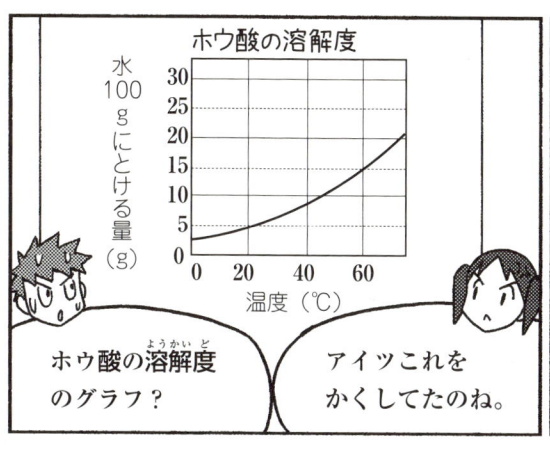
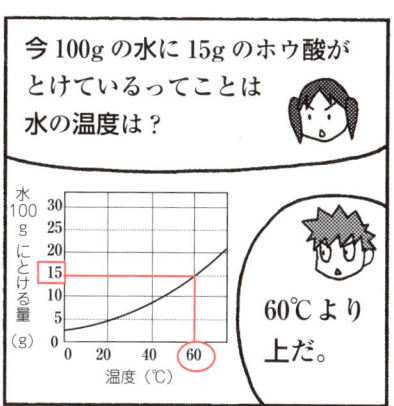
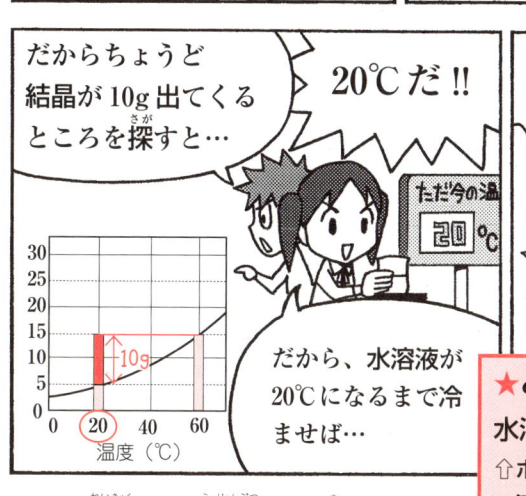

★**とけているものを取り出す方法②**
水溶液を冷やす。
⇧ホウ酸、ミョウバンなど、温度による
　溶解度の変化が大きい物質に適した方法

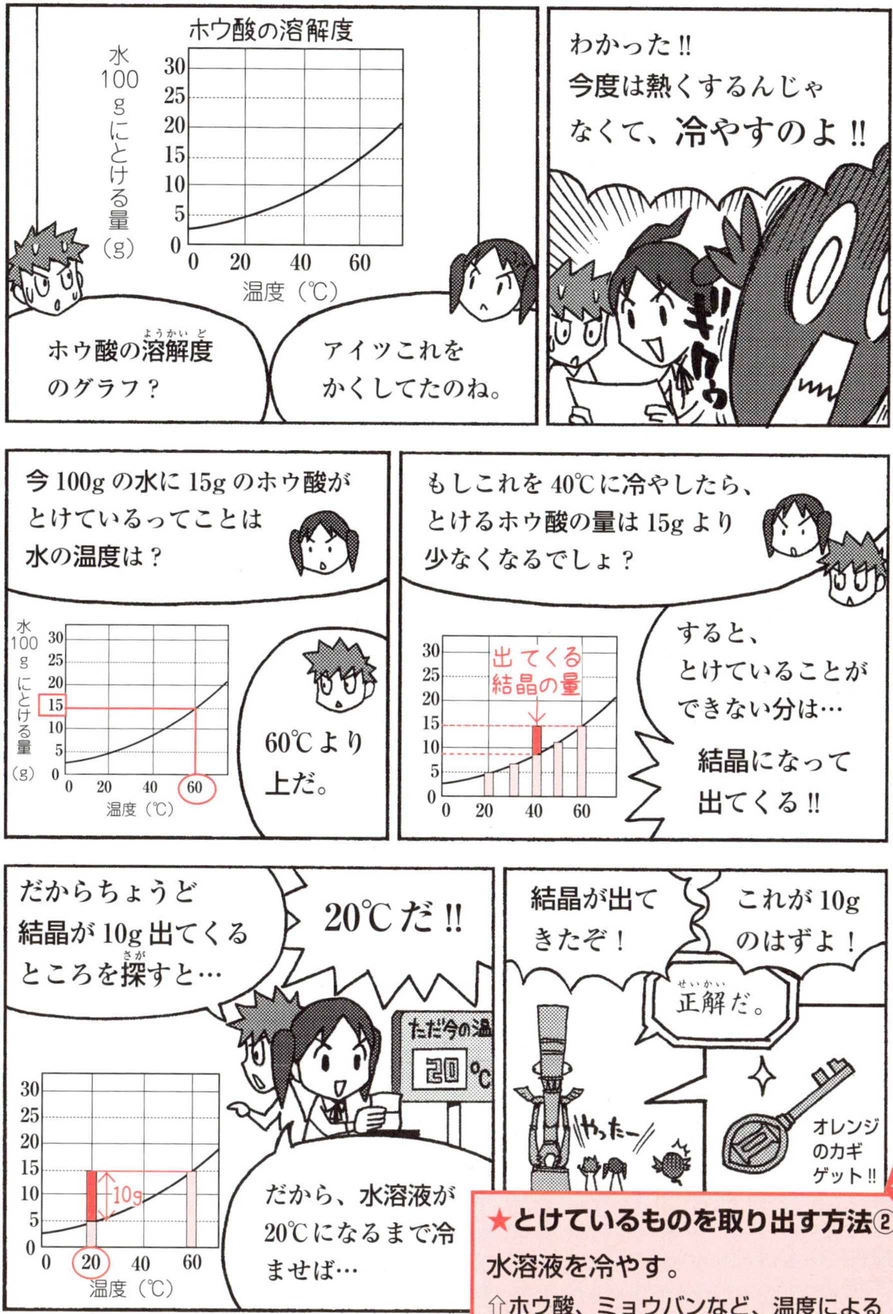

冷却法は、不純物が少し混ざっていても、純粋な結晶を取り出すことができるという利点がある。

重要ポイントのまとめ ▶▶▶ とけているものを取り出す

1 もののとけ方

水にとける物質の重さは、水の温度によって変化する。

- ●温度が高いほどとけやすくなるもの
  …ホウ酸、砂糖、ミョウバンなど。
- ●温度が低いほどとけやすくなるもの
  …消石灰（水酸化カルシウム）、**アンモニア**、**二酸化炭素**、塩化水素など。　※気体はすべてあてはまる。
- **重要** ●温度によるとけ方があまり変化しないもの…**食塩**

2 とけているものの取り出し方

- ●**水を蒸発させる**…温度によるとけ方の変化が小さいものは、蒸発皿に入れて水を蒸発させる。
- ●**温度を下げる**…温度によるとけ方の変化が大きいものは、高い温度でこい水溶液をつくり、その温度を下げる。
- ●**再結晶**…とけているものを、水溶液から結晶として取り出す操作。

3 結晶の形

物質により、それぞれ**決まった形の結晶**をつくる。

※食塩の結晶には、特有のもようが見られる。

食塩　　ホウ酸　　ミョウバン

入試に役立つ　飽和水溶液から出てくる結晶の量

飽和水溶液から水を□g蒸発させるとき、結晶として出てくる物質の重さは、□gの水に限度までとけていた物質の重さに等しい。

第1章 もののとけ方

まんがのおさらい ▶▶▶ 基本例題で確認

下の表は、いろいろな温度の水100gにとかすことのできるホウ酸の最大の重さを表しています。あとの問いに答えなさい。

水の温度と水100gにとかすことができるホウ酸の重さ

水の温度(℃)	0	20	40	60	80	100
ホウ酸の重さ(g)	2.8	5.0	9.0	15.0	23.5	38.0

(1) 80℃の水100gにホウ酸をとけるだけとかし、温度を20℃に下げると、出てくるホウ酸の結晶の重さは何gですか。

(2) 60℃の水100gにホウ酸をとけるだけとかし、温度を60℃に保ったまま水を20g蒸発させると、出てくるホウ酸の結晶は何gですか。

(3) 80℃の水100gにホウ酸を5gとかした水溶液の温度を下げていくと、ホウ酸の結晶が出はじめるのは何℃のときですか。表の温度から1つ選びなさい。

解き方 ▶▶▶

(1) ①80℃の水100gには、ホウ酸が23.5gまでとけます。
　　②20℃の水100gには、ホウ酸は5.0gしかとけません。
　　③①と②の差にあたる、23.5 − 5.0 = 18.5(g)が結晶として出てきます。

(2) 蒸発した20gの水にとけていたホウ酸の重さは、$15.0 \times \dfrac{20}{100} =$ 3.0(g)です。このホウ酸が結晶として出てきます。

(3) 100gの水にとけている5gが、表のホウ酸の重さに等しくなるときの温度を読み取ります。

答え (1) **18.5g** (2) **3.0g** (3) **20℃**

入試問題に挑戦!! とけているものを取り出す

1 温度とものとけ方の問題

下の表は、いろいろな温度の水 100g にとかすことのできるホウ酸の最大量を表しています。これを参考にして、あとの問いに答えなさい。

<山手学院中改題>

水の温度と水 100g にとかすことができるホウ酸の重さ						
水の温度(℃)	0	20	40	60	80	100
ホウ酸の重さ(g)	2.8	5.0	9.0	15.0	23.5	38.0

(1) 40℃の水 100g に、ホウ酸を 15g 入れてよくかき混ぜたとき、とけ残ったホウ酸は何 g ですか。　〔　　　　〕

(2) (1)のホウ酸水溶液の温度を 60℃に上げたところ、とけ残りはすべてとけました。温度を 60℃に保ったまま水を 50g 蒸発させると、ホウ酸の結晶は何 g 出てきますか。　〔　　　　〕

(3) 80℃の水 100g にホウ酸をとけるだけとかしたものを、20℃に冷やすと、ホウ酸の結晶は何 g 出てきますか。　〔　　　　〕

(4) 60℃の水 300g にホウ酸をとかしたものを、40℃まで冷やしたところ、ホウ酸の結晶が 10.2g 出てきました。60℃の水 300g にはホウ酸が何 g とけていましたか。　〔　　　　〕

(5) 80℃のホウ酸の飽和水溶液 100g を 20℃に冷やすと、ホウ酸の結晶は何 g 出てきますか。小数第 2 位を四捨五入し、小数第 1 位までの数で答えなさい。　〔　　　　〕

> **ヒント!!**
>
> 1 (2) 60℃での飽和水溶液になっているので、蒸発した水にとけていたホウ酸が出てくる。
> 　(5) 80℃の飽和水溶液 123.5g からは、23.5 − 5.0 = 18.5(g)出ます。

2 溶解度・ろ過の問題

いろいろな温度の水 50mℓ に、ホウ酸がどのくらいとけるかを調べたところ、次の表のような結果になりました。これについて、あとの問いに答えなさい。

＜目黒星美学園中改題＞

水の温度と水 50mℓ にとかすことができるホウ酸の重さ							
水の温度(℃)	0	10	20	30	40	50	60
ホウ酸の重さ(g)	1.4	1.8	2.4	3.4	4.4	5.7	7.4

(1) 40℃の水 20mℓ にホウ酸を 20g 入れ、よくかき混ぜました。とけ残りをろ過したあとのろ液にとけているホウ酸は何 g ですか。小数第1位まで求めなさい。〔　　　　〕

(2) 80℃の水 250mℓ にホウ酸を 50g 入れてかき混ぜたら、全部とけました。この水溶液を20℃まで冷やすと、とけきれなくなったホウ酸の結晶が出てきたので、ろ過して結晶を取り除きました。ろ過したあとのホウ酸水溶液の濃度は、80℃のときの濃度に比べてどうなっていますか。次のア～ウから選び、記号で答えなさい。〔　　　　〕

ア．こくなる。　　イ．うすくなる。
ウ．変わらない。

(3) 右の図のろ過のしかたには適当でないところがあります。どのようになおせばよいですか。簡単に説明しなさい。
〔　　　　　　　　　　　〕

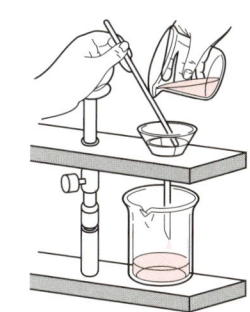

2 (1) 40℃での飽和水溶液になっています。

ハイレベル総合問題 ▶▶▶ もののとけ方

めざせ難関校!!

答えと解説…142ページ

1 右の図1は、水の温度と100gの水にとかすことのできる物質Aの量（重さ）を表したものです。次の問いに答えなさい。計算の結果割り切れないときは、小数第2位を四捨五入し、小数第1位まで答えなさい。

＜逗子開成中改題＞

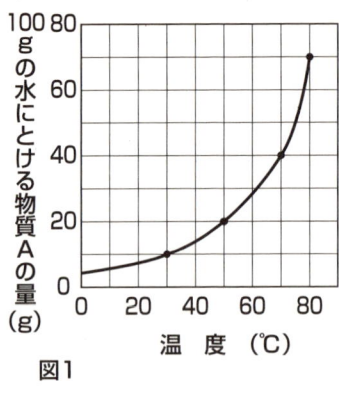

図1

(1) 50℃の水400gに50gの物質Aを入れ、よくかき混ぜました。このときの水溶液の濃度は何％ですか。

〔　　　　〕

(2) 下の図2のように、物質Aの飽和水溶液中に、小さな物質Aの結晶（種結晶とよぶ）をつるし、一定温度で1か月間放置しました。水溶液中の水が自然に少しずつ蒸発することによって、種結晶に物質Aの結晶がつき、結晶が日々大きくなっていきました。そこで、毎日結晶を水溶液から引き出し、結晶の重さと結晶を取り出した水溶液のみの重さを測定しました。図3は、日数と水溶液のみの重さの関係を表したグラフです。図3をもとにすると、日数と結晶の重さの関係を表すグラフ①、および日数と水溶液中の物質Aのこさの関係を表すグラフ②は、それぞれどのようになりますか。グラフ①はあとの**ア～ウ**から、グラフ②はあとの**エ～カ**から1つずつ選び、記号で答えなさい。　①〔　　　　〕②〔　　　　〕

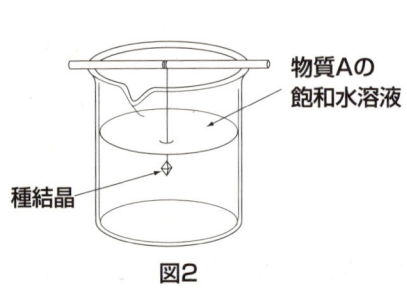

図2

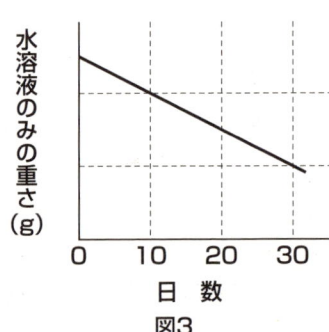

図3

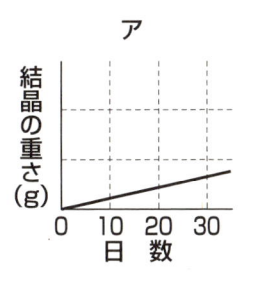

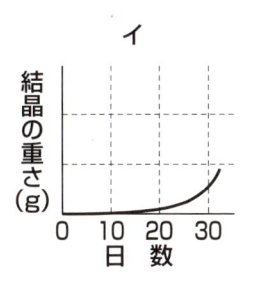

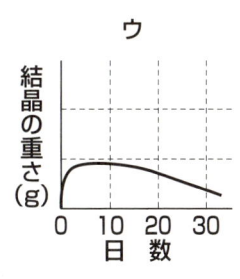

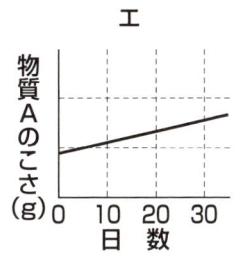

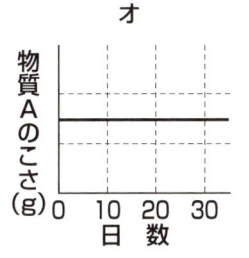

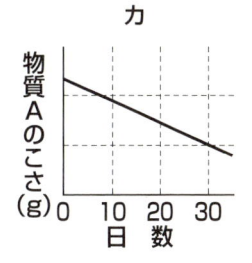

ア・イ・ウ のグラフ：横軸「日数」、縦軸「結晶の重さ(g)」
エ・オ・カ のグラフ：横軸「日数」、縦軸「物質Aのこさ(g)」

> **ヒント!!**
> **1** (2) 飽和水溶液の濃度は、**つねに一定**となる。

2 食塩とホウ酸について、水100gにとける重さを温度を変えて調べると、次の表のようになりました。　　　　　　　　　　＜灘中改題＞

温度(℃)	10	20	30	40	60	80
食塩(g)	35.7	35.8	36.1	36.3	37.1	38.0
ホウ酸(g)	4	5	7	9	15	24

(1) 80℃で食塩をとけるだけとかした水溶液100gをつくるには、食塩は何g必要ですか。小数第1位まで求めなさい。　　〔　　　　〕

(2) 30℃で水100gにホウ酸をとけるだけとかした水溶液を、加熱して水を一部蒸発させ、その後温度を20℃にすると、ホウ酸が3g出てきました。蒸発させた水の量は何gですか。　　〔　　　　〕

> **ヒント!!**
> **2** (2) 最後に、7－3＝4(g)のホウ酸がとけた**飽和水溶液**になっている。

第1章 もののとけ方

知っ得！情報 ろ過のしかた・メスシリンダーの使い方

★ろ過のしかた

ろ過は、液体と固体の混ざった液を、水溶液と固体に分けることができます。ろ過をするときは、次の3つのポイントに注意しましょう。

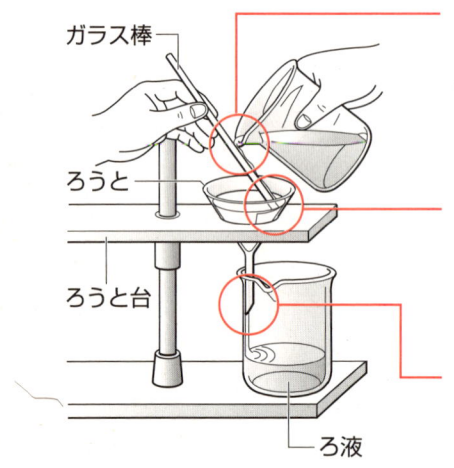

①液は、**ガラス棒**を伝わらせてそそぐ。

②ガラス棒は**ろ紙が重なっているところ**にあてる。
（紙が厚いところは紙がやぶけにくいため。）

③ろうとの先は**とがったほう**をビーカーの内側につける。

★メスシリンダーの使い方

①メスシリンダーを、水平な台の上におく。

②液面のへこんだところを、真横から読む。

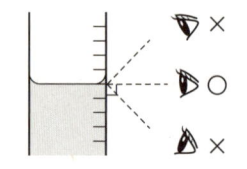

③1めもりの10分の1まで目分量で読みとる。

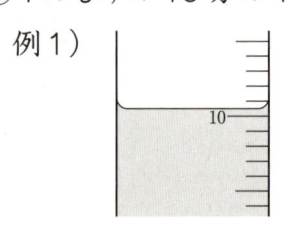

例1） 10.5cm³
水面が10のめもりと11のめもりのちょうど真ん中にあるので、10.5と読みます。

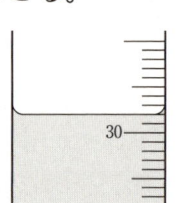

例2） 32.0cm³
めもりにぴったり一致しているときも10分の1まで読みます。「32」ではなく「32.0」と読むこと。

第 2 章 ▶▶▶ 水溶液の性質

　もののとけ方は、マスターしましたね。水にものがとけると、均一に散らばって、とう明になるんですね。
　この章は、水溶液のよりくわしい性質についてのお話です。水溶液には、酸、アルカリといった性質があります。これらの水溶液を混ぜてみると…ビックリな変化が起きます。
　リカコとマナブは、ナゾを解いて、塔をのぼっていくことができるのでしょうか…？

1 酸とアルカリ……………………… 40

2 酸とアルカリを混ぜると… ……… 47

3 ちょうど中和させるには ………… 53

4 水溶液を見分ける！ ……………… 62

第2章 水溶液の性質

▶▶▶ 1 酸とアルカリ

1 酸とアルカリ

いらっしゃいマセ いろんな水溶液そろえてマスよ〜。

カランカラン

セルフサービスなんでお好きなものをドゾ〜。

酸性

アルカリ性

酸性とアルカリ性って？

水溶液の性質のことデス。水溶液は酸性、中性、アルカリ性に分けられマス。

じゃあこの酸性のソーダみたいなのにしよ。

オレはそのとなりの。

あれ？味しない。

それは炭酸水デスネ。二酸化炭素がとけたものデス。

ぶはあ！！
何だこれ すっぱあ！！

それは酢酸の水溶液デス。酢酸というお酢にふくまれる液体がとけたものデス。

コーラやソーダは炭酸水に味をつけたものデス。

じゃあコーラやソーダにしといてよ…

> **マメ知識** 気体の溶解度…気体は、水の温度が上がるほどとけにくくなる。つまり、気体の溶解度は温度が高くなるにつれて小さくなる。

41

第2章 水溶液の性質

1 酸とアルカリ

…さっき酸性はすっぱくて、アルカリ性は苦いって言ってたよね。

これらの水溶液を酸性とアルカリ性に分けてくだサイ。

塩酸　酢　アンモニア水　水酸化ナトリウム水溶液

マナブ！全部飲んでみるのよ！
ヤダよオマエが飲めって！
待ちなさい！

だれ!?
わたしたちはリトマス兄弟。
青　赤
その中には、きみたちの毒になるものもあるのだよ。

え!?
毒!?
ぼったくりなんてヒドい話だ。

わたしたちがこっそり助太刀しよう！
ホント？ありがと！！

マメ知識 ▶ **水酸化ナトリウム**…か性ソーダともいう。水溶液は**強いアルカリ性**を示す。皮ふにつくと皮ふがとける劇薬品。水にとけるとき発熱する。石けんをつくるのに使われる。

第2章 水溶液の性質

青のわたしが飲んで、顔が赤くなったら酸性。

赤のわたしが飲んで顔が青くなったらアルカリ性だ。

そして2人とも変わらなければ中性だ。

じゃあまずはこれから…。

アンモニア水

★リトマス（紙）の色変化 【重要】

	酸性	中性	アルカリ性
赤色リトマス紙	赤（変化なし）	赤（変化なし）	青変
青色リトマス紙	赤変	青（変化なし）	青（変化なし）

アンモニア水
ゴクン ゴクン

赤リトマスさんの顔が青になった！

アンモニア水はアルカリ性だ！【重要】

塩酸
ゴクン ゴクン

次はどうかな？

青リトマスさんの顔が赤になった！

塩酸は酸性なんだ！【重要】

やった!!バッチリわかる!!

どんどん飲んでもらおう!!

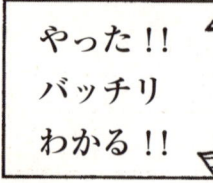

マメ知識 ムラサキキャベツ液の色変化

酸性	中性	アルカリ性
赤	赤むらさき	青緑〜黄色

1 酸とアルカリ

ふーおなかいっぱい。
もう飲めない。
ガーン
ええー！！

どうしようまだあるのに…
心配ご無用！

だれ！？
ボクはBTB！
リトマス兄弟のあとはまかせて！

…だけどあなた1人しかいないじゃない。
これまた心配ご無用！

ボクが飲んで体が黄色になったら酸性。
青になったらアルカリ性。
緑なら、中性なんだ。
スゴい！

★ BTB 溶液の色変化　重要

酸性	中性	アルカリ性
黄色	緑色	青色

第2章 水溶液の性質

酢	ゴクン

BTB君の色が**黄色**になった！

酢は**酸性**だ！

重要

水酸化ナトリウム水溶液	ゴクン

BTB君の色が**青**になった！

水酸化ナトリウム水溶液は**アルカリ性**だ!!

重要

できたー!!!
ドォーン

酸性：塩酸、酢
アルカリ性：アンモニア水、水酸化ナトリウム水溶液

く…正解デスネ。

やったーっ!!

くそォ、またしても失敗か…次こそは……!

くわしく 水溶液のこさによっても異なるが、ふつう塩酸は強い酸性で、水酸化ナトリウム水溶液は強いアルカリ性である。とりあつかいには十分注意する。

2 酸とアルカリを混ぜると…

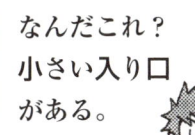

> **マメ知識** アルカリ性の指示薬には、**フェノールフタレイン液**がある。酸性と中性では変化せず（無色とう明）、**アルカリ性のとき赤色**に変わる。

第2章　水溶液の性質

2 酸とアルカリを混ぜると…

ちょっとマナブ何ぬいでんのよ!!

じゃあせっかくだし、風呂にでも入って落ち着くか。

ククク…今まで通りナゾが解ければな。

ええ!?うそうそっ！元にもどれるの？

ここは塩酸風呂だ。ボウズにはシゲキが強え。ケガするぜ。

え？

おっと待ちなボウズ…

さんざんあせかいたからね。

あの表を見てみな。

(pH)	1	2	3	4	5	6	7	8	9	10	11	12	13	14

酸性 ← 中性 → アルカリ性

塩酸／レモン汁／す／酢／雨／食塩水・砂糖水／石けん水／アンモニア水・石灰水／水酸化ナトリウム水溶液

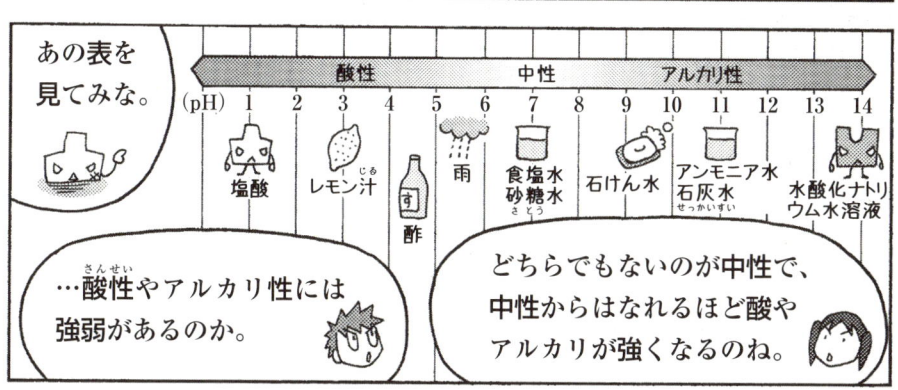

…酸性やアルカリ性には強弱があるのか。

どちらでもないのが中性で、中性からはなれるほど酸やアルカリが強くなるのね。

ガキは炭酸みてえに酸の弱いとこに行くんだな。

シュワ〜〜

あ、露天風呂がある。そっち行こう。

露天

くわしく **pH（ピーエイチ）**…酸、アルカリの度合を示す数値で、数値が大きくなるほどアルカリ性が強く、小さくなるほど酸性が強い。pH7は中性を表す。

第2章 水溶液の性質

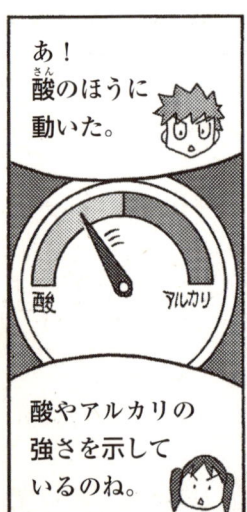

2 酸とアルカリを混ぜると…

オウ 塩酸め!!
一人じめしてんじゃねーよ!

んだと!?
水酸化ナトリウム!
入ってくんじゃねーよ!

あ、メーターがアルカリ性になった。

……って、あれ？

ア、アニキたち！
どこ行ったんスか！

水酸化ナトリウム
1つぶ残して、
両方いなくなった！

そのかわり
知らないつぶが
いるね…

あ…アニキー!!

てめえ、うちの
アニキたちを
どこにやった!?

知るか！
うちのアニキたちも
いなくなったんだ！

マメ知識 ▶ 実際の温泉の性質には、じゅうそうなどをふくむアルカリ性のものや、硫酸や塩酸をわずかにふくむ弱い酸性のものなどさまざまなタイプがある。

第2章 水溶液の性質

…みんな…知らない
つぶになった!!!

…しょーがねえ
教えてやるよ。

あいつらは
中和したんだ。

中和!?

酸性とアルカリ性が
おたがいの性質を
打ち消し合うことを
中和というんだ。

重要

あ！メーターが
中性に
なってる!!

酸 アルカリ

酸でも
アルカリでも
なくなったんだ！

そう!!
合体して
おたがいの性質を
打ち消し合い…

食塩と水に
なって
しまったのだ!!

重要

酸性　　　　アルカリ性
塩酸　　　　水酸化ナトリウム

＋

→ 中性
食塩＋水

あのつぶは食塩
のつぶなのか。

あー
いいフロ
だった

性質も
おとなしく
なったね。

くわしく 塩酸と水酸化ナトリウム水溶液が混ざることによって、それぞれにふくまれていた原子の結びつき方が変わり、食塩と水という中性の物質になった。くわしくは76ページ。

3 ちょうど中和させるには

第2章 水溶液の性質

300cm³の塩酸があります。これは400cm³の水酸化ナトリウム水溶液でちょうど中和するように、こさを調整してあります。

では！このこさの塩酸600cm³を中和するには、何cm³の水酸化ナトリウム水溶液が必要でしょ———か？

さーあ 考えよォ!!

えーと 600cm³か…

そうだ！

なんじゃありゃ

おかしなもん 出てきよったのう

ザワ ザワ ザワ ザワ

わたしたちが小さくなって水溶液のつぶが見えるようになったんだから

実際にやってみたらいいんじゃない？

いいから やんなさいよ！

ねえ、ナゾの通りの水溶液になってくれない？

んだと!! ワシらに指図かよ！

ハ…ハイッ!!

マメ知識 ▶ 体積の単位…1cm³ = 1mℓ = 1cc　また, 1ℓ = 1000mℓ = 1000cm³

マメ知識▶ 中和でできる食塩の量は、水溶液のこさが同じときは体積に比例し、水溶液の体積が同じときは、こさに比例する。

第2章 水溶液の性質

その400cm³の水酸化ナトリウム水溶液は、中和させる直前に水で2倍にうすめてしまったんだった。

この場合は、中和に何cm³いるでしょー？

ええーっ!!
後からズルイ！
む！

姉さんが困ってらっしゃる！
ここは男を見せるぞ！
おお!!

水酸化ナトリウム水溶液 400cm³ ▶ 水で2倍にうすめた 800cm³

水で2倍にうすめるってことは、つぶの数は同じまま体積だけが2倍に増えるのね。

…てことは、

塩酸 600cm³
水酸化ナトリウム水溶液 800cm³×2

600cm³の塩酸を中和するのに、同じ数の水酸化ナトリウムのつぶが必要なんだから…

うすまった分、量を2倍にすれば、水酸化ナトリウムのつぶも同じ数になる！

マメ知識 水溶液をうすめるときには、水を入れた容器に少しずつ水溶液を加えていく。こい塩酸にいきなり水を入れると熱が発生するなどの危険がある。

中和するときには熱（中和熱）が発生する。また、ものが燃えるときには激しく熱が発生し、液体にとけるときにも熱が発生することが多い。これらはすべて化学反応によって発生する熱で、「反応熱」ともよばれる。

重要ポイントのまとめ ▶▶▶ 酸とアルカリ・中和

1 酸性・アルカリ性・中性

水溶液の性質には，**酸性**，**アルカリ性**，**中性**の3種類ある。

- **酸性の水溶液**…塩酸，炭酸水，ホウ酸水溶液など。
- **アルカリ性の水溶液**…水酸化ナトリウム水溶液，石灰水，アンモニア水，石けん水など。
- **中性の水溶液**…食塩水，砂糖水，アルコール水溶液など。
  （※蒸留水は中性）

2 水溶液の性質の見分け方

重要 リトマス紙（赤色・青色），BTB液，フェノールフタレイン液などで，酸性，アルカリ性，中性を調べることができる。

試薬など	酸性	アルカリ性	中性
赤色リトマス紙	変化なし	青色に変化	変化なし
青色リトマス紙	赤色に変化	変化なし	変化なし
BTB液	黄色	青色	緑色
フェノールフタレイン液	無色	赤色	無色

3 中和

酸性の水溶液とアルカリ性の水溶液を混ぜたとき，たがいに相手の性質を打ち消し合う変化。混ぜ合わせる体積がちょうどよいときは全体が中性になる（**完全中和**）。塩酸と水酸化ナトリウム水溶液が中和すると，**食塩**（と水）ができる。

入試に役立つ 中和するときの体積を求めるには

① 中和する体積の比を求める。
② とけている物質のつぶの数をそろえる。
　→ 同じ数のつぶどうしで中和する。

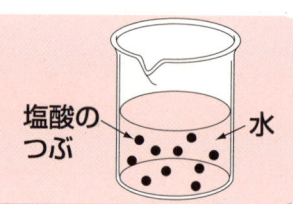

塩酸のつぶ　　水

第2章 水溶液の性質

まんがのおさらい ▶▶▶
基本例題で確認

> あるこさの塩酸A10cm³と、あるこさの水酸化ナトリウム水溶液B15cm³を混ぜ合わせたところ、中性の水溶液Cになりました。これについて、次の問いに答えなさい。
>
> (1) 塩酸Aと水酸化ナトリウム水溶液Bを20cm³ずつ混ぜ合わせた液にBTB液を数滴加えると、何色を示しますか。
>
> (2) 20cm³の塩酸を中和して中性にするには、水酸化ナトリウム水溶液が何cm³必要ですか。
>
> (3) (2)の中性の水溶液を熱して水分を蒸発させると、あとに白色の固体が残りました。この固体は何ですか。

解き方 ▶▶▶

(1) ①塩酸Aと水酸化ナトリウム水溶液Bの体積に着目します。

②塩酸A10cm³と、水酸化ナトリウム水溶液B15cm³でちょうど中性になるので、同じ体積どうしで混ぜ合わせると、塩酸Aの方があまります（水酸化ナトリウム水溶液Bの方が不足します）。

③あまったほうの塩酸の性質（**酸性**）が残ります。

④BTB液は、酸性で黄色を示します。

(2) ①塩酸Aは10cm³の**2倍**の20cm³です。

②水酸化ナトリウム水溶液Bも15cm³の**2倍**の30cm³あれば、ちょうど中性になります。

(3) ①塩酸と水酸化ナトリウム水溶液がちょうど中和すると、**食塩水**になります。

答え (1) **黄色**　(2) **30cm³**　(3) **食塩**

入試問題に挑戦!! 酸とアルカリ・中和

1 中和の問題

塩酸Aと水酸化ナトリウム水溶液Bがあります。これらの水溶液について、次の問いに答えなさい。
〈芝浦工大柏中改題〉

(1) 塩酸Aと水酸化ナトリウム水溶液Bを混ぜ合わせて、ちょうど中和するときの体積の関係は、右のグラフのようになりました。

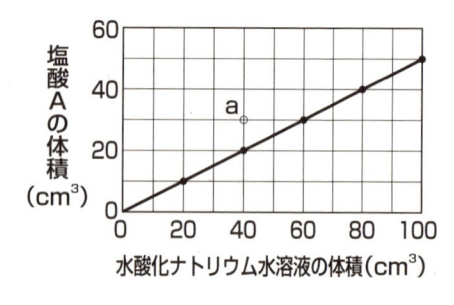

① グラフのa点で示される混合溶液にBTB液を加えると、何色になりますか。次のア〜エから1つ選び、記号で答えなさい。　　〔　　　〕

　ア．赤　　イ．青　　ウ．黄　　エ．緑

② 塩酸Aを水で2倍にうすめた塩酸C20cm³をちょうど中和するには、水酸化ナトリウム水溶液Bが何cm³必要ですか。
〔　　　〕

(2) 塩酸A20cm³と水酸化ナトリウム水溶液B40cm³を混ぜ合わせるとちょうど中和し、水を蒸発させると1.2gの食塩が残りました。塩酸A25cm³を水酸化ナトリウム水溶液Bでちょうど中和した水溶液からは、何gの食塩が残りますか。　〔　　　〕

> **ヒント!!**
> 1 (1)① a点は、ちょうど中和するときより、塩酸Aのほうが多いことを示している。
> 　② 塩酸C20cm³は、塩酸A10cm³に相当する。
> (2) 塩酸Aの中和した体積が、20cm³から25cm³にふえている。

2 中和の問題

水酸化ナトリウム80gを水にとかして1000cm³の水溶液をつくり，この水溶液を40cm³ずつA～Gのビーカーに入れました。次に，これらのビーカーに同じこさの塩酸を体積を変えて加えました。その後，それぞれの水溶液から水分を蒸発させ，残った固体の重さを調べた結果，次の表のようになりました。これについて，次の問いに答えなさい。計算の結果割り切れないときは，小数第2位を四捨五入し，小数第1位まで求めなさい。

〈芝中改題〉

ビーカー	A	B	C	D	E	F	G
水酸化ナトリウム水溶液(cm³)	40	40	40	40	40	40	40
塩酸の体積(cm³)	0	5	15	30	40	50	60
残った固体の重さ(g)	①	3.4	3.8	4.4	4.68	4.68	4.68

(1) ビーカーEの混合溶液にBTB液を加えると，何色になりますか。次のア～エから1つ選び，記号で答えなさい。〔　　〕
　ア．赤色　　イ．黄色　　ウ．緑色　　エ．青色

(2) 表の①にあてはまる固体の重さは何gですか。〔　　〕

(3) 水酸化ナトリウム水溶液40cm³をちょうど中和するのに必要な塩酸の体積は，何cm³ですか。〔　　〕

(4) ビーカーCの混合溶液の水分を蒸発させて残った固体の中に，水酸化ナトリウムは何gふくまれていますか。〔　　〕

ヒント!!

2 (1) AからDまでは，塩酸が10cm³ふえるごとに，残った固体の重さが0.4gずつふえているが，DからEではそれよりふえ方が少ないのでDとEの途中でちょうど中和していることがわかる。

4 水溶液を見分ける！

4 水溶液を見分ける！

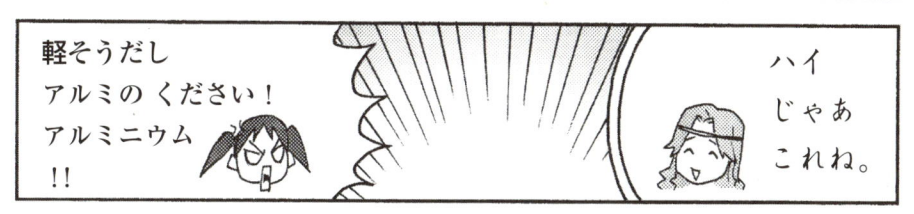

このオールのうちどれかひとつをあげましょう。

うわっ!! キレイなおねえさん…

銅、鉄、アルミニウムどれにする？

え〜〜〜どれにしようかなぁ〜〜…

軽そうだしアルミのください！アルミニウム!!

ハイじゃあこれね。

それじゃあまた…

あぁ…行っちゃった……

何デレデレしてるの！さっさと行くわよマナブ！

ククク…そこの注意書きをよく見とけよ。

え？

マメ知識▶ 鉄はにぶい銀色でかんやフライパンなどに使われている。銅は赤茶色で10円玉やどう線などに使われている。アルミニウムは銀色で1円玉やかんなどに使われている。

くわしく　水酸化ナトリウム水溶液にアルミニウムを入れると、水素が発生し、アルミニウムはアルミン酸ナトリウムという物質に変わる。

4 水溶液を見分ける！

ちょ…ちょっとおばさんはないんじゃない？

アルミニウムのオールはとけちゃうからほかのもちょうだい。

でも…どれかひとつって言ったでしょ？

やーねーおばさんってケチで…

わ…わかったわよ！全部持っていきなさいよ！！

あらすみませんねぇ。

お！鉄はとけないぞ！！

銅もとけないみたいね！

あれ？ここから別の水路だ。

ツンとくるこのにおい…今度は塩酸だって。

うわっ！！塩酸には鉄もとける！！

アルミニウムもとけるし！！

でも見て！銅はとけないよ！！

くわしく 塩酸に鉄を入れると、水素が発生し、鉄は塩化鉄という物質に変わる。塩酸にアルミニウムを入れると、水素が発生し、アルミニウムは塩化アルミニウムという物質に変わる。

第2章 水溶液の性質

★水溶液にとける金属　重要

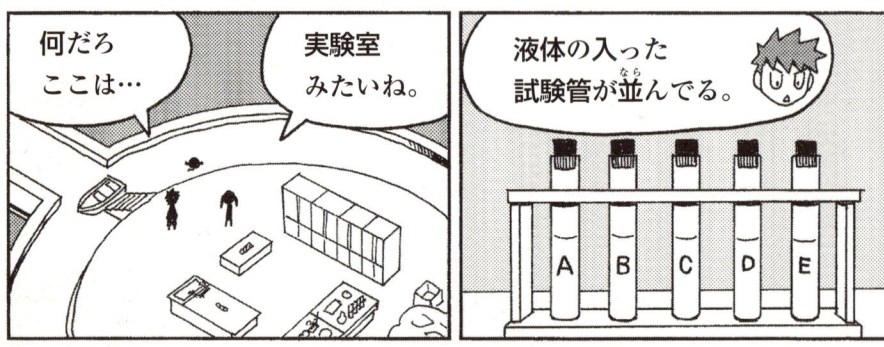

	アルミニウム	鉄	銅
水酸化ナトリウム水溶液	とける	とけない	とけない
塩酸	とける	とける	とけない

水溶液によって、とける金属ととけない金属があるのか。

オール全部もらっておいてよかったな。

あ！ 何か見えてきたよ！

何だろここは…

実験室みたいね。

液体の入った試験管が並んでる。

A B C D E

…やっと来たわね。

あ♪ さっきのおねーさん♡

その5つの試験管が今回のナゾよ…

え!? ってことは…

そう!! 彼女が第4の守護者オーマだ!!

ええー!!

おばさん!!

マメ知識 ▶ こい塩酸を空気中に放置すると、塩化水素というしげきの強いにおいの有毒な気体が発生する。あつかうときには、かん気に注意する。

4 水溶液を見分ける！

この5つの試験管には**食塩水、アンモニア水、炭酸水、酢酸の水溶液、蒸留水**のどれかが入っているわ。

どれがどの液体か当ててみせなさい。

お子さまには難しすぎるかしら？

何よ！バカにして!!見てなさいよ!!

…女の戦いだ…

5つの液体…どれも色がないし見た目も同じ…

でも、今までに出てきた知っているものばかり…

あれさえあれば大きなヒントになるはずよ！

アレ？

フフフ…さっきから何をゴソゴソやってるのかしら？

あった!!
BTB液!!

さっき会ったBTB君の本来の姿だ。

それぞれの液体を少しずつ取ってBTB液をたらせば…

マメ知識 ▶ BTB液の反応…酸性→黄色、中性→緑色、アルカリ性→青色

くわしく　水溶液などのにおいをかぐときは、有害な気体を大量にすいこむのをふせぐため、手で試験管などの口のところをあおいでかぐ。

マメ知識 ▶ 炭酸水は、二酸化炭素がとけた水溶液である。炭酸水に石灰水を加えると白くにごることで、炭酸水を見分けることができる。これは、二酸化炭素を石灰水に通すと白くにごるのと同じ反応である。（92ページ参照）

重要ポイントのまとめ ▶▶▶ 水溶液の性質

1 金属と水溶液

金属が酸性やアルカリ性の水溶液にとけると、気体の**水素**が発生する。

[基本] ●**塩酸**にとける金属…**アルミニウム、鉄（スチールウール）**、あえん、マグネシウムなど。

●**水酸化ナトリウム水溶液**にとける金属…**アルミニウム**、あえん（こい水溶液を使い加熱する必要がある。）など。

●弱いアルカリ性水溶液（石灰水、アンモニア水など）や弱い酸性水溶液（酢酸水溶液など）には、上の金属は非常にゆっくりとける。

●塩酸にも水酸化ナトリウム水溶液にもとけない金属…**銅**

2 重要な水溶液の性質のまとめ

①**塩酸**や**アンモニア水**には、しげきの強いにおいがある。**アルコール水溶液**には、特有のにおいがある。

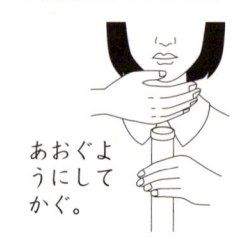

②**石灰水**に**二酸化炭素**を通す（炭酸水を加える）と、**白くにごる**。

③重そう（炭酸水素ナトリウム）を加熱したり、重そう（水）に酸性の水溶液を加えると、**二酸化炭素**を発生する。

においのかぎ方

あおぐようにしてかぐ。

入試に役立つ　水溶液を調べる方法の順番

水溶液を区別するときは、においがあるかどうか、酸性かアルカリ性か中性か、鉄（スチールウール）または石灰石をとかすか、アルミニウムをとかすか、を順に調べる。

第2章 水溶液の性質

基本例題で確認

まんがのおさらい

A〜Eの試験管に、下の5種類の水溶液が入っています。どの水溶液がどの試験管に入っているかを、次のようにして調べました。これについて、あとの問いに答えなさい。

> ア．塩酸　　イ．水酸化ナトリウム水溶液　　ウ．食塩水
> エ．アンモニア水　　オ．炭酸水

1. においを調べたところ、AとEに、しげきの強いにおいがあった。
2. BTB液を数滴加えたところ、AとBは青色、Cは緑色、DとEは黄色になった。
3. スチールウールを入れたところ、Eから気体が発生した。
4. アルミニウムを入れたところ、BとEから気体が発生した。

(1) A〜Eの試験管に入っている水溶液は何ですか。
(2) 3と4で発生した気体は何ですか。

解き方 ▶▶▶

(1) ①においがあるのは、**塩酸**と**アンモニア水**だけです。
②BTB液で青色になるのは**アルカリ性**なので、1と合わせてAがアンモニア、Bが水酸化ナトリウム水溶液とわかります。
③Cは**中性**なので食塩水です。また、DとEは2より**酸性**で、1と合わせると、Eが塩酸、Dが炭酸水とわかります。

(2) ①スチールウールは、**塩酸**にとけて**水素**を発生します。アルミニウムは、**塩酸**にも**水酸化ナトリウム水溶液**にもとけて**水素**を発生します。

答え (1) A…エ　B…イ　C…ウ　D…オ　E…ア　　(2) 水素

入試問題に挑戦!! 水溶液の性質

1 金属と水溶液の問題

次のA～Fの水溶液について、あとの問いに答えなさい。

A. うすい塩酸　　　　　　B. うすい水酸化ナトリウム水溶液
C. アンモニア水　　　　　D. 食塩水　　　　　E. 重そう水溶液
F. うすい過酸化水素水

<高知学芸中改題>

(1) スチールウールを入れたとき、さかんに気体が発生するのはどれですか。記号で答えなさい。　〔　　　〕

(2) アルミニウムを入れたときに、さかんに気体が発生するのはどれですか。2つ選び、記号で答えなさい。　〔　　　〕

(3) Aの水溶液5cm³とBの水溶液4cm³を混ぜ合わせたところ、中和して中性になりました。

① AとBの水溶液を5cm³ずつ混ぜ合わせたものにスチールウールを入れたとき、気体は発生しますか。発生する場合は○、発生しない場合は×で答えなさい。　〔　　　〕

② AとBの水溶液を10cm³ずつ混ぜ合わせたものにアルミニウムを入れたとき、気体は発生しますか。発生する場合は○、発生しない場合は×で答えなさい。　〔　　　〕

(4) A～Fの水溶液のうちから2つ選んで混ぜ合わせたところ、気体が発生しました。混ぜ合わせた水溶液はどれとどれですか。記号で答えなさい。　〔　　　〕

> **ヒント!!**
> 1 (3) ① 塩酸はすべて反応し、水酸化ナトリウム水溶液が残っている。スチールウール（鉄）は、水酸化ナトリウム水溶液にはとけない。
> ② アルミニウムは、塩酸にも水酸化ナトリウム水溶液にもとける。

2 水溶液の判別の問題

下の性質1～性質3をもとに、水溶液を右の図のようにア～クに分類しました。ただし、クは性質1～性質3のどれにもあてはまらない性質の水溶液とします。あとの①～⑤の水溶液は、それぞれ図のア～クのどこにあてはまりますか。1つずつ選び、記号で答えなさい。

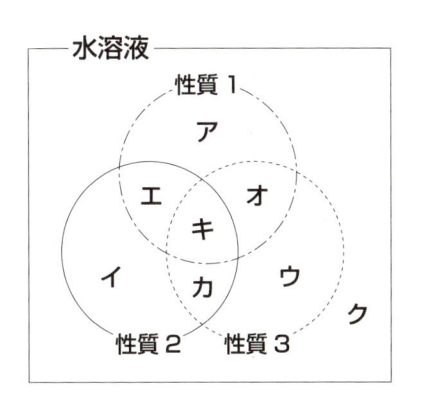

＜金城学院中改題＞

〔性質1〕水溶液を少量蒸発皿にとり、加熱して水を蒸発させたとき、あとに何も残らない。

〔性質2〕水溶液を青色リトマス紙につけたとき、リトマス紙の色が赤色に変化する。

〔性質3〕水溶液のにおいをかいでみると、しげきの強いにおいがする。

① 塩酸
② ホウ酸水溶液
③ 水酸化ナトリウム水溶液
④ アンモニア水
⑤ エタノール（アルコール）水溶液

①…〔 キ 〕　②…〔 イ 〕　③…〔 ク 〕
④…〔 オ 〕　⑤…〔 ア 〕

ヒント!!

2 性質1は、気体や液体がとけた水溶液を示している。性質2は、酸性の水溶液であることを示している。性質3にあてはまるのは、塩酸とアンモニア水だけである。

ハイレベル総合問題 ▶▶▶ 水溶液の性質

1

5種類の水溶液A～Eがあります。これらの水溶液は、次の水溶液のいずれかです。　　　　　　　　　　　　　　　　　　　　＜灘中改題＞

ア．食塩水　　　　イ．うすい水酸化ナトリウム水溶液
ウ．うすい塩酸　　エ．うすい過酸化水素水　　オ．石灰水

次の実験1～実験4の結果をもとに、あとの問いに答えなさい。

実験1　水溶液AおよびDにアルミニウムのつぶを加えたところ、いずれもアルミニウムがとけて気体Xが発生した。

実験2　水溶液Cに気体Yをふきこんだところ、白くにごった。次に、この白くにごった水溶液にAを加えたら、気体Yが発生して水溶液はとう明になった。

実験3　水溶液Bにごく少量の二酸化マンガンを加えたところ、気体Zがはげしく発生した。

実験4　水溶液A～Eのうち、ある2つの水溶液を混ぜ合わせたところ、A～Eのうちのある水溶液と同じものができた。

(1) 気体X、Yは何という気体ですか。名前を漢字で書きなさい。
　　　　　　　X…〔　　　　　　　〕　Y…〔　　　　　　　〕

(2) 実験3で、気体Zが発生し終わるまでに集めた気体の体積（気体Zの全体積）は800cm³でした。水溶液Bの体積は同じにし二酸化マンガンの量を2倍にすると、発生する気体Zの全体積はどうなりますか。〔　　　〕
ア．800cm³より少ない。　　　　　イ．800cm³
ウ．800cm³より多く、1600cm³より少ない。　　エ．1600cm³

(3) 水溶液Eは何ですか。上のア～オから1つ選び、記号で答えなさい。
　　　　　　　　　　　　　　　　　　　　　　　　　〔　　　〕

2 水酸化ナトリウム水溶液と塩酸が反応すると、水と中性の物質Xができます。濃度A％の水酸化ナトリウム水溶液と濃度B％の塩酸を、いろいろな体積の組み合わせで反応させた後、水を蒸発させて残った固体の重さを調べたら、表のようになりました。水酸化ナトリウム水溶液55cm³と塩酸15cm³の反応のときだけ、水酸化ナトリウムが3.5g残りました。水溶液はすべて1cm³が1gとして、あとの問いに答えなさい。割りきれない場合は、四捨五入により、小数第2位まで答えること。

〈豊島岡女子中改題〉

水酸化ナトリウム水溶液（cm³）	10	20	30	55
塩　　酸（cm³）	60	50	40	15
水を蒸発させて残った固体（g）	1.5	3.0	4.5	6.5

(1) 物質Xの名前を答えなさい。　　　　〔　　　　　　〕

(2) 水酸化ナトリウム水溶液と塩酸が過不足なく反応するときの体積比を、最も簡単な整数比で答えなさい。
〔水酸化ナトリウム水溶液：塩酸＝　　：　　〕

(3) 水酸化ナトリウム水溶液の濃度A％を求めなさい。
〔　　　　％〕

(4) 水酸化ナトリウム1gが完全に塩酸と反応すると、物質Xは何gできますか。　〔　　　　g〕

(5) 水酸化ナトリウム水溶液55cm³と塩酸15cm³が反応したとき、水が0.8gできました。塩酸の濃度B％を求めなさい。〔　　　　％〕

ヒント!!
2 (2) 水酸化ナトリウム水溶液20cm³が反応すると、固体が3.0g残る。

第2章 水溶液の性質

知っ得！情報　原子・分子・イオンと中和

★物質は原子や分子というつぶの集まりでできている

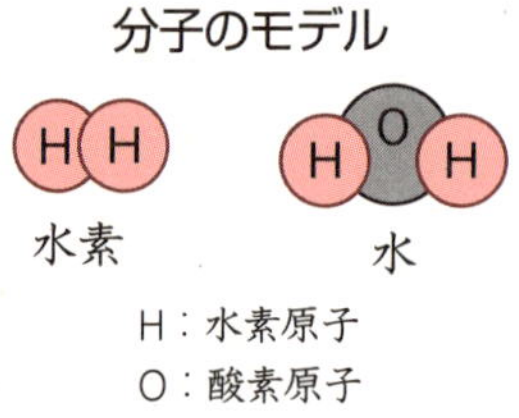

分子のモデル

水素　水

H：水素原子
O：酸素原子

物質は**原子**というとても小さなつぶの組み合わせでできています。原子は、他の原子と結びついて**分子**をつくります。例えば、2つの水素原子と1つの酸素原子が結びつくと、水の性質を持つようになります。これが水の分子です。その物質の性質を示す最小のつぶが分子というわけです。

★酸性やアルカリ性

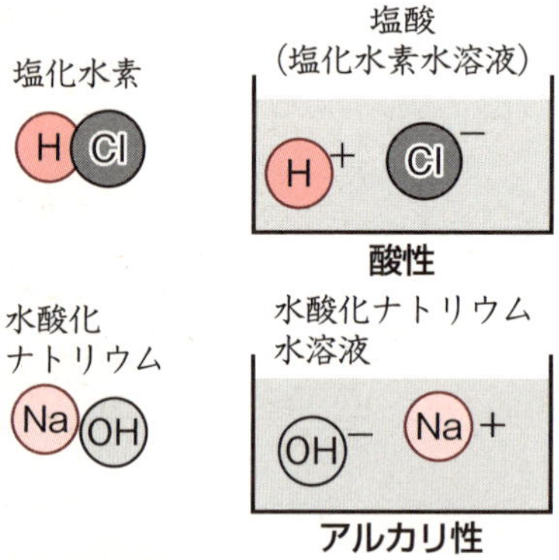

塩化水素

塩酸（塩化水素水溶液）
酸性

水酸化ナトリウム

水酸化ナトリウム水溶液
アルカリ性

酸性やアルカリ性、食塩水などの水溶液では、とけた物質がプラスやマイナスの電気を帯びた**イオン**に分かれます。水素イオンはプラスの電気を帯びていて、これをふくむ水溶液は酸性を示します。一方、酸素原子と水素原子でできている水酸化物イオンは、マイナスの電気を帯びていて、これをふくむ水溶液はアルカリ性を示します。

H^+：水素イオン　Cl^-：塩化物イオン
Na^+：ナトリウムイオン　OH^-：水酸化物イオン

★中和反応

酸性の物質とアルカリ性の物質を混ぜると、プラスの電気を帯びている水素イオンと、マイナスの電気を帯びている水酸化物イオンが結びついて**水**ができ、それぞれの性質が打ち消されます。このような反応を**中和反応**といいます。また、同時に**塩**ができます。食塩（塩化ナトリウム）は、塩の一種です。

水酸化ナトリウム水溶液に塩酸を入れていったときのようす

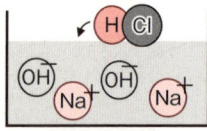

アルカリ性	アルカリ性	中性	酸性
ナトリウムイオンと水酸化物イオンが入っている。	水酸化物イオンが減り、水（H_2O）と塩（食塩 NaCl）ができる。	水と塩だけになる。	水と塩のほかに、水素イオンと塩化物イオンがある。

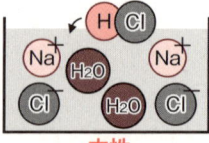

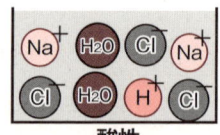

※食塩は、水溶液中ではイオンに分かれています。

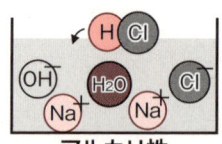

第 3 章 ▶▶ 気 体

　水素の気球にのってのぼってきたマナブとリカコ。
　この章は、この気球の中に入っている水素や、呼吸に使う酸素、二酸化炭素などの気体の性質についてのお話です。どんなものを組み合わせれば、どの気体をつくることができるのでしょうか。
　リカコとマナブにつきつけられる数かずのナゾを、みんなもいっしょに考えてあげてください。

1 水素の性質 ……………………… 78

2 酸素の性質 ……………………… 84

3 二酸化炭素の性質 ……………… 90

4 気体の発生量は…？ …………… 100

第3章 気体

1 水素の性質

あ、天井にあたった。

気球で行けるのはここまでか。

ココ
現在地

ねえタグ。何で水素が入っていると気球が浮くの？

チッ そんなことも知らないのか。

水の中でボールをはなしたら、浮かんでいくだろ。

それは、ボールと同じ体積の水よりボールが軽いからだ。

空気中でも同じさ。気球と同じ体積の空気より

水素のほうが軽いから浮くんだ。

えっ!! 空気って重さがあるの!?

当たり前だろ。

くわしく 空気の成分をおおよその体積の割合で表すと、窒素78％、酸素21％、アルゴン0.9％、二酸化炭素0.04％とその他の気体になる。

1 水素の性質

ふだん感じないだけで気体にも重さはあるんだよ。

ちなみに空気はだいたい**窒素が約8割、酸素が約2割**混ざったものだ。

重要

気体の重さの比較

軽い ← → 重い

水素 / アンモニア / 空気 / 窒素 / 酸素 / 二酸化炭素

気体の中で一番軌いのは水素だからな、一番浮くってわけさ。

へー 水素って便利な気体なんだね。

オウ 待ちな!!

てめぇら そのくれぇで 水素のこと わかったつもりに なってんなよ!!

え？ だれ？

オレか？ オレぁ水素オヤジ。運転士だ!!

ビシィ

水素オヤジ？ 運転士？

くわしく　水素と酸素を混ぜた気体に火を近づけると、爆発的に燃えて水素と酸素が結びつき、水ができる。

第3章 気体

この先はコイツに乗らねぇと行けねぇからな。

うわぁ電車だ！

コイツは燃料電池（ねんりょうでんち）で動くんだぜ。

燃料電池!?

水素（すいそ）と酸素（さんそ）を結びつけて電気をつくるんだよ。

ガソリン車みてぇに排気（はいき）ガスが出ねぇ！

出るのは**水だけ**だ!!

へぇ、クリーンなのね。

水素＋酸素→水＋電気エネルギー

それじゃあさっそく乗せてってよ。

オウ待ちな!!

まさかおめぇらタダで乗ろうってんじゃねぇだろうな？

わわわ…ゴメンなさい。

ど…どうすればいいの？

自分（てめぇ）の分の水素ぐれぇ自分（てめぇ）で用意しな!!

用語 **燃料電池**…水素などの燃料を用いて、酸素との反応（はんのう）で発電する装置（そうち）。水素が酸素と結びつき、水とエネルギーを出す反応を利用している。二酸化炭素を出さず、出る物質（ぶっしつ）は水だけなので、クリーンな電池として、注目が集まっている。

1 水素の性質

この装置で水素をつくるのね。

さっきの気球と同じように、**鉄に塩酸を**加えて…

重要

でもどうやって水素を集めるんだ？

空気より軽いんだから、上にあがっていくでしょ？
だからこうして入れ物を逆さにすればいいのよ。

なるほど！

…………

…もうそろそろいいんじゃない？

見えないから入っているかどうかわからないけど…

★ 気体の集め方① **上方置換法**
空気より軽い気体を集める方法。
例) 水素、アンモニア

重要

ダメだな。空気が混ざってる。

えーいいじゃんそれくらい。

ならこれを見な。

くわしく 水素…金属（鉄、あえん、アルミニウム、マグネシウムなど）にうすい塩酸を加えると発生する。アルミニウムに水酸化ナトリウム水溶液を加えても水素が発生する。

第3章 気体

ゴゴゴ…ア゛ー！

キャ！！

いいか！
水素はものすごく**燃えやすい**んだ！！

空気と混ざると
こんな爆発だって
起こる！

こ、こわい
気体でも
あるんだね。

遊びじゃねぇんだ！！
しっかりやれ！！

ハ…ハイッ！！

う〜〜〜〜〜ん…

どうすりゃ
水素だけ
集められるんだろ。

水素が
目に見えれば
いいのに…

あわのうちだったら
見えるのにな。

！！

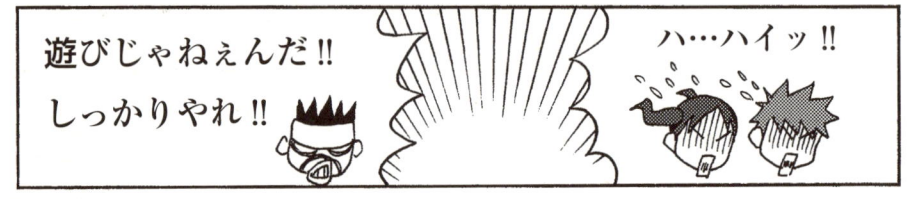

だったら
あわにしてやれば
いいのよ！！

え！？

> **くわしく** **上方置換法**…気体を容器の中の空気と置きかえて集める方法。気体は容器の上の方からたまっていく。しかし、気体と空気は完全には置きかわらず、空気が少し混ざってしまうという欠点がある。

1 水素の性質

容器を水そうの中に
しずめて
ひっくり返して…

そこに管を
入れれば…

あわだけ
キャッチできる!!

★ **気体の集め方②　水上置換法**　重要
水にとけにくい気体を集める方法。
例）水素、酸素、二酸化炭素

元からフラスコの中に
入っていた空気が
あるから、
はじめのうちに
出るあわは捨てて…

そうすれば
空気も
混ざらないし…

集まった水素の
量も見える!!

いっぱいになったら
空気が入らないように
水中でふたをすれば
完ぺきね！

水素
水

やったーっ!!

飛ばすぜ!!
しっかり
つかまってろ
よ！

ガターン
ガターン

よし！
いい仕事
したな。
いい水素だ！

くわしく　水上置換法…水と気体を置きかえて集める方法。空気が混ざらずに集められる。反応しはじめに容器から出てくる気体には、フラスコ内の空気が多く混ざっているため、しばらく待ってから気体を集めるようにする。

83

▶▶▶ 2 酸素の性質

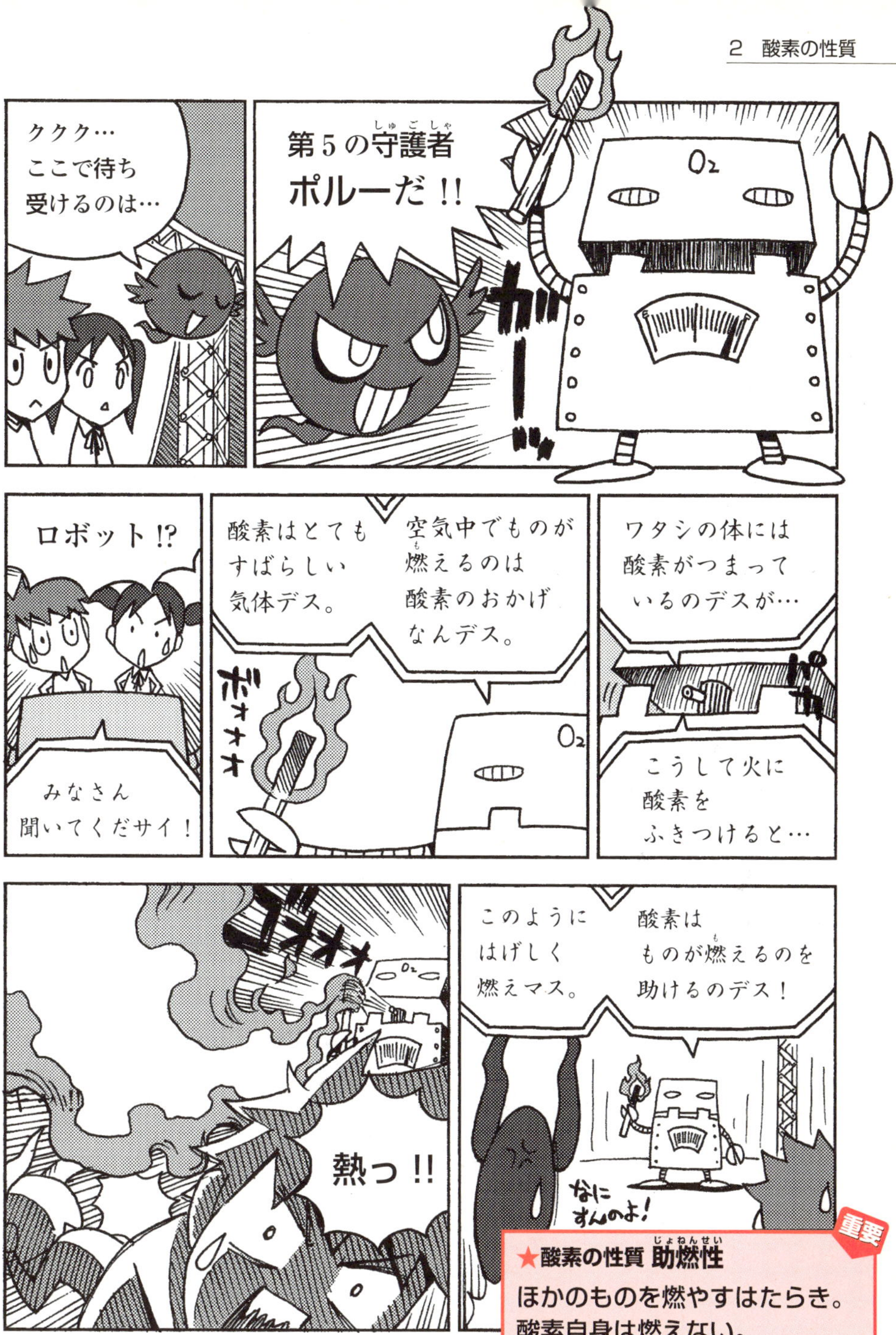

★酸素の性質 助燃性 重要

ほかのものを燃やすはたらき。
酸素自身は燃えない。

マメ知識▶ 酸素がこい空気を長時間吸うことは、人体に有害である（酸素中毒を起こす）。ただし短時間か、圧力が低い場合なら問題はなく、病気の治りょうなどに使われている。

2 酸素の性質

フフフ…
酸素は他の物質と結びつきやすい。

わ!! 鉄の柱がさびた!?

酸素が他の物質と結びつくことを **酸化** といいマス。

このように鉄がさびるのも酸素のしわざ。

ものが燃えるということも物質と酸素が結びつく酸化なのデス。

酸素

※まきが酸化している。

そして!!

切ったリンゴが変色するのも酸素のしわざなのデース!!

酸素って役に立つけど、何かを悪くすることもあるのか。

真空パックの食べものは、酸素にふれないから長持ちするのね。

それはあんまりこわくないよな…

おまえたちも酸化させてヤル!!

くらえ!!
酸素ビー…

ピーコン
ピーコン

マメ知識 水中にもぐるスキューバダイビングで、背負っているボンベは「酸素ボンベ」といわれることが多いが、ボンベの中は酸素だけが入っているのではなく、圧縮した空気が入っている。（酸素濃度が少し高いものもある。）

第3章 気体

し、しまった!!
酸素がもうカラッポだ!

ス、スミマセン…
君タチ…
酸素をつくってくれませんか?

コレ、つくり方…

どうする?
マナブ…

いいんじゃない?
なんかマヌケなロボットだしさ。

重要
えーと…
過酸化水素水と**二酸化マンガン**を混ぜるのか。

この装置を使えばいいのね。

酸素は水にとけやすいのかな?

…いや
とけにくい…

重要
じゃあ、水素と同じ**水上置換法**で集めればいいのね。

よしやってみよう!

過酸化水素水

二酸化マンガン

水

あれ?
もうあわが出なくなった。

二酸化マンガンがなくなったかな?

いや…
最初と全然変わってない!!

マメ知識 ▶ 酸素は水にとけにくい。20℃のとき、1気圧(海面の高さの気圧)で1cm³の水に対して、約0.03cm³とける。ちなみに二酸化炭素は、同じ条件で0.88cm³とける。

2 酸素の性質

じゃあ過酸化水素水をたしてみよう。

あ！またあわが出始めた。

二酸化マンガンはまったく変わらないけど、何の役目があるのかな？

さ…酸素は過酸化水素が水と酸素に分解され、発生するのデス。

二酸化マンガンは「触媒」といって、変化せずに過酸化水素の分解を助けているんデス。

二酸化マンガンの量は酸素ができる量と関係がないのね。

重要

★酸素の発生
過酸化水素 ⟶ 酸素＋水
触媒 ─ 二酸化マンガン

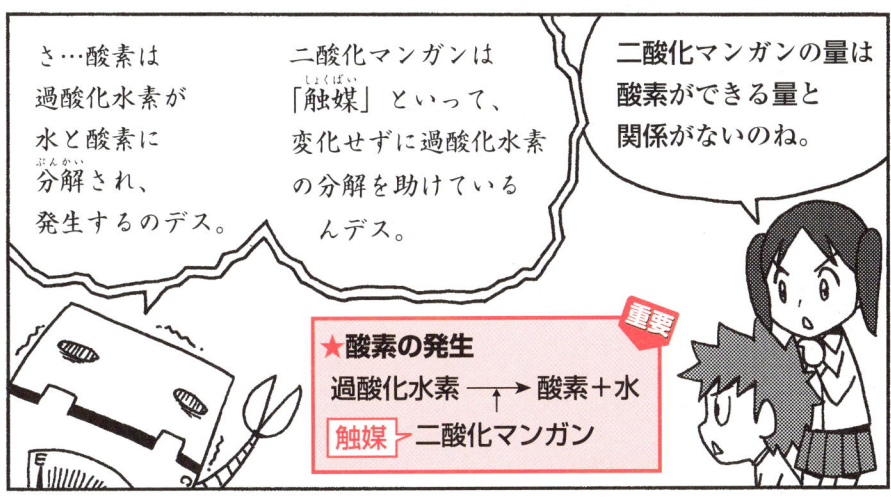

はい！酸素たまったよ！

あ…ありがトウ！！

君タチは命の恩人ダ！！このカギをあげマス！

水色のカギゲット！！

お…おい!!ナゾは!?

やったね♪

くわしく 発生する酸素の量は、過酸化水素水の量に比例する。二酸化マンガンを多く入れると、過酸化水素が分解する速さが速くなるので、酸素はより速く発生するようになる。しかし、発生する酸素の全体の量は、二酸化マンガンの量にかかわらず、変わらない。

3 二酸化炭素の性質

くわしく 二酸化炭素…色やにおいはなく、空気中には約0.04％ふくまれている。ヒトや動物は、空気から酸素を取り入れて、二酸化炭素を放出する。植物は光のエネルギーを利用して二酸化炭素を取り入れ、光合成を行い、酸素を放出する。

くわしく ろうそくの火が消えたのは、ろうそくが燃えるときに酸素が使われて少なくなったためである。コップの中の酸素がまったくなくなったわけではない。

第3章 気体

では ここにあります とう明な液体。

これをこの容器の中に入れてかき混ぜると…

ハイッ！

あ!! 白くにごった!!

では タネあかし。

この液体は石灰水。

重要

石灰水は二酸化炭素と混ざると白くにごるんです。

この性質を使って二酸化炭素があるかないかを調べることができるんですね。

例えば石灰水を炭酸水に混ぜると…

ホラ!!

また白くにごった!!

炭酸水にとけている二酸化炭素と反応したのね。

くわしく 石灰水に二酸化炭素を通すと、水にとけない**炭酸カルシウム**ができ、白くにごって見える。

3 二酸化炭素の性質

くわしく 二酸化炭素は少し水にとけるが、それでもよい場合は、水上置換法で集めると、純粋な気体を集めることができる。また、二酸化炭素は空気より重いので、下方置換法で集めることもできる。

第3章 気体

他に貝がらやサンゴなどでもだいじょうぶ。中に炭酸カルシウムがふくまれていれば二酸化炭素はできるのです。

そしてできた二酸化炭素をこの機械に入れると…。

ドライアイスだ！

ドライアイスは二酸化炭素を冷やして固体にしたものです。

白いけむりでショーっぽくなってきたね。

いよいよラストのマジックですからね!!盛り上げますよ!!

さぁお待ちかね!!サーベルくしざしです!!

ね…ねぇこれってわたし大丈夫なのよね？…ね？

えええええーっ!!

> **マメ知識** ▶ ドライアイスは、とけるときに固体から液体にならずに、直接気体になる。白いけむりは二酸化炭素ではなく、空気中の水分が冷えてできた水のつぶ。二酸化炭素が見えているわけではない。

マメ知識 ドライアイスは置いておくとどんどん気体になるので、あつかうときにはかん気に十分気をつける。また密閉容器に入れてふたをしめると爆発する危険がある。

重要ポイントのまとめ ▶▶▶ 気体の性質

1 おもな気体とその性質

気体の名前	水へのとけ方	空気より	その他
水素	ほとんどとけない	非常に軽い	燃える
酸素	ほとんどとけない	少し重い	ものが燃えるのを助ける
二酸化炭素	少しとける	重い	石灰水を白くにごらせる

重要 2 おもな気体のつくり方・集め方

● **水素**…水にとけにくいので、**水上置換法**で集める。
① アルミニウム、あえん、鉄、マグネシウム に 塩酸 を加える。
② アルミニウム、(あえん*) に 水酸化ナトリウム水溶液 を加える。(＊70ページ参照)

● **酸素**…水にとけにくいので、**水上置換法**で集める。
二酸化マンガン に 過酸化水素水(オキシドール) を加える。
※酸素が発生しても、二酸化マンガンは変化しない(→**触媒**)

● **二酸化炭素**…水に少しとけるので、**下方置換法**で集める。
① 石灰石、大理石、貝がら、骨、チョーク に 塩酸 を加える。
② 重そう に 塩酸などの酸性の水溶液 を加える。
※重そうを加熱するだけでもよい。

入試に役立つ 気体の発生装置のガラス管

気体の発生装置では、滴下ろうとの先が**液面より下**になるようにする。気体が出ていく管は**短くする**。➡発生した気体がろうとに逆流するのを防ぎ、気体が捕集装置に送られるようにするため。

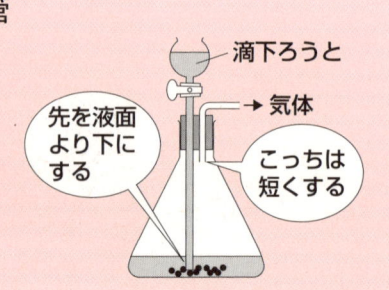

滴下ろうと
→気体
先を液面より下にする
こっちは短くする

第3章　気体

まんがのおさらい ▶▶▶ 基本例題で確認

右の図のような装置をつくり、液体の薬品Aを、三角フラスコに入れたつぶ状の薬品Bに加えて気体Cを発生させました。これについて、次の問いに答えなさい。

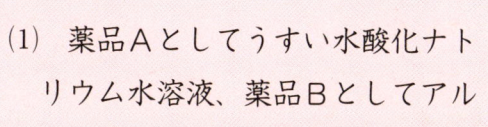

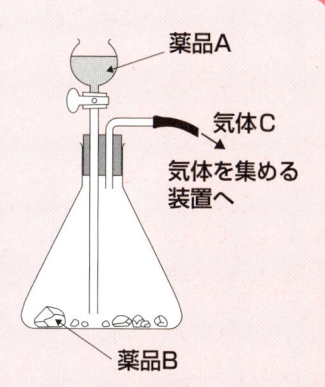

(1) 薬品Aとしてうすい水酸化ナトリウム水溶液、薬品Bとしてアルミニウムを使うと、気体Cは何ですか。名前を答えなさい。

(2) (1)のとき、気体Cを集めるにはどの方法が最も適切ですか。次のア〜ウから1つ選び、記号で答えなさい。

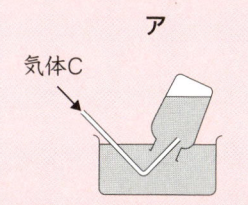

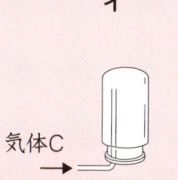

(3) 薬品Aとしてうすい過酸化水素水、薬品Bとして二酸化マンガンを使うと、気体Cは何ですか。名前を答えなさい。

解き方 ▶▶▶

(1) アルミニウムは水酸化ナトリウム水溶液にとけて、水素を発生します。

(2) 水素は、水にとけにくい気体です。

(3) 二酸化マンガンのはたらきで、過酸化水素水にとけている過酸化水素が分解し、酸素と水に分かれます。

答え (1) 水素　　(2) ア　　(3) 酸素

入試問題に挑戦!! 気体の性質

1 気体の性質の問題

次の(1)〜(9)のそれぞれの文の内容が、正しければ○、まちがっていれば×を書きなさい。　　　　　　　　　　　　　　＜広島学院中改題＞

(1) スチールウールにうすい塩酸を加えてとかしたあと、水分を蒸発させると、鉄が残る。　　　　　　　　　　　　〔　　　〕

(2) 二酸化マンガンにうすい過酸化水素水を加えると、二酸化マンガンがとけて酸素が発生する。　　　　　　　　　〔　　　〕

(3) うすい塩酸にアルミニウムを入れたときも、うすい水酸化ナトリウム水溶液にアルミニウムを入れたときも、水素のあわが発生する。　　　　　　　　　　　　　　　　　　　〔　　　〕

(4) うすい塩酸にうすい水酸化ナトリウム水溶液を少しずつ加えて、中性にした液の中にアルミニウムを入れると、水素のあわが発生する。　　　　　　　　　　　　　　　　〔　　　〕

(5) うすい塩酸にうすい水酸化ナトリウム水溶液を加え、混合溶液がアルカリ性になったものにアルミニウムを入れると、水素のあわが発生する。　　　　　　　　　　　　　　〔　　　〕

(6) うすい塩酸によくみがいた銅の板を入れると、板の表面からあわが発生する。　　　　　　　　　　　　　　　　〔　　　〕

(7) 石灰石にうすい水酸化ナトリウム水溶液を加えても、何も変化は見られない。　　　　　　　　　　　　　　　　〔　　　〕

(8) 貝がらにうすい塩酸を加えると、二酸化炭素のあわが発生する。
　　　　　　　　　　　　　　　　　　　　　　　　〔　　　〕

(9) 石灰水に二酸化炭素を通すと、白くにごる。　　〔　　　〕

2 気体の発生の問題

　ビーカーにアルミニウムのつぶを入れ、塩酸を加えると、アルミニウムはあわを出してとけ始めました。しばらくすると、アルミニウムはすべてとけてなくなり、あわも出なくなりました。この実験について、次の問いに答えなさい。　　　　　　　　　　　　　　　　＜愛光中改題＞

(1) 上の実験で、あわになって出てきた気体は何ですか。気体の名前を漢字で書きなさい。　　　　　　　〔　　　　　〕

(2) 上の実験で出てきた気体の性質に<u>あてはまらない</u>ものはどれですか。次の**ア〜オ**からすべて選び、記号で答えなさい。

　ア．空気より軽い。　　　　　　　　　　〔　　　　　〕
　イ．火をつけると空気中で燃える。
　ウ．鼻をさすようなにおいがする。
　エ．石灰水に通すと、石灰水が白くにごる。
　オ．無色の気体である。

(3) 実験で、アルミニウムがとけてなくなったあとの水溶液の性質について、つねに正しいといえるものはどれですか。**ア〜ウ**からすべて選び、記号で答えなさい。　　〔　　　　　〕

　ア．BTB液を加えると青色を示す。
　イ．石灰石のつぶを入れると、あわを出してとける。
　ウ．加熱して水分を蒸発させると、あとに白色の粉末が残る。

ヒント

2 (3) アルミニウムがとけてしまったからといって、塩酸がまだあるかどうかはわからない。アルミニウムが塩酸にとけると、金属ではない別の物質（塩化アルミニウム）に変化する。

4 気体の発生量は…？

くわしく　**アンモニア**…アンモニア水を熱してつくる。しげきの強いにおいがあり、空気より軽く、**水に非常によくとける**。水上置換法が使えないため、**上方置換法**で集める。

第3章 気体

中に気体が入っていないもの…例えば真空パックを思い出してみてください。

あ！ぺしゃんこになってる!!

外からの空気の圧力でそうなるのね。

気圧

さっきわたしはアンモニアのボトルの中に水を入れました。

するとその水にアンモニアがどんどんとけてしまい…

中の圧力がどんどん小さくなって…

最後は外の圧力に負けてボトルがつぶれてしまった！

…というわけです。

アンモニア

あんな少しの水で!?

アンモニアは水の体積の700倍くらいとけます。

アンモニア
水の700倍の体積！
水 とける。

700倍!!

こんなこともできますよ。
逆さまにしたアンモニアのボトルに管をさして…

アンモニア

BTB液を入れて緑色になった水そうに入れます。

すると…

BTB液を入れた水

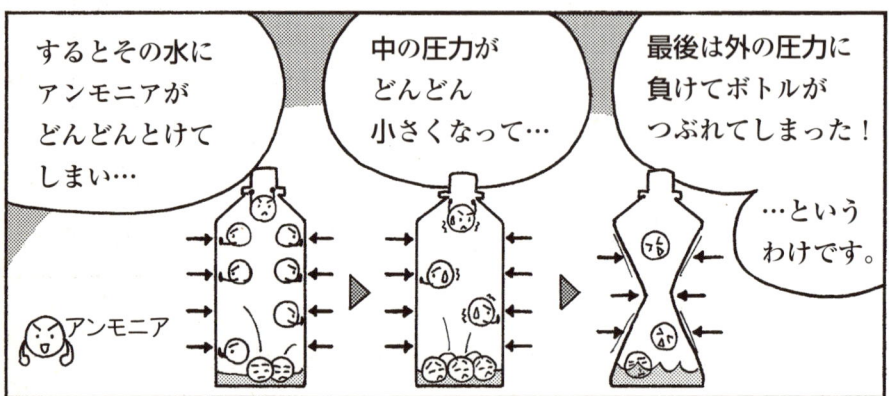

マメ知識 気圧（大気圧）と圧力…空気にも重さがあり、空気の重さによって生じる圧力を気圧という。あらゆる方向からはたらく。
※「まんが攻略BON！ 天体・気象」でくわしく解説しています。

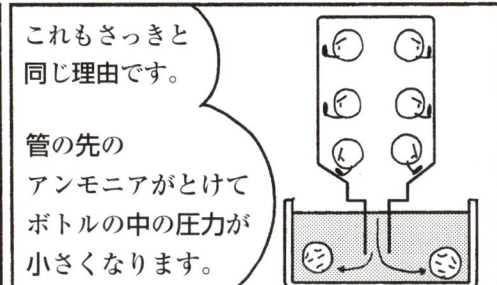

4 気体の発生量は…？

第３章　気体

…なんかビミョーなパレードね。

え！？何！？

ハァーッハハァ！！オマエたちか。カギが欲しいというガキどもはーっ！！

コイツが第６の守護者ウリウリだ！！

二酸化炭素(にさんかたんそ)をつくるのに必要なものはわかるな？

そんなのカンタン。石灰石(せっかいせき)と

塩酸だよ。

ではナゾだ！

104

4 気体の発生量は…？

とけた石灰石の量と発生する二酸化炭素の量には、およそこのような関係がある。

とけた石灰石の量と発生する二酸化炭素の量

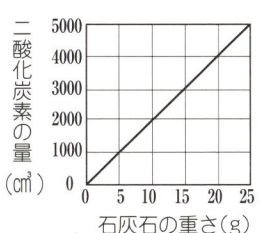

グラフが直線ってことは比例してるのね。

石灰石がたくさんとければ、二酸化炭素もたくさんできるのか。

そしてこれは100cm³で4gの石灰石をとかせるようこさを調整した塩酸だ。

この塩酸250cm³をすべて使って石灰石をとかしたとき…

発生する二酸化炭素は何cm³か!?

ええーっ!!!

なんか複雑だぞ…

まずは落ち着いて考えなきゃ。

グラフから発生する二酸化炭素の量を知るには、石灰石がどれだけとけたかを出さないとダメね。

くわしく 上のナゾのヒント！…100cm³の塩酸で4gの石灰石をとかせること、発生する二酸化炭素の量と石灰石の重さが比例していることの二段階で考える。

第3章　気体

この塩酸の場合 100 cm³で 4g の石灰石がとけるんだから…

250 cm³では何 g とけるのか考えればいいのか！

塩酸	石灰石
100 cm³ →	4 g
250 cm³ →	? g

250 cm³ は 100 cm³ の 2.5 倍だからとける石灰石も 4g の 2.5 倍になるよね。

100 cm³ →(2.5倍)→ 250 cm³
4g →(2.5倍)→ 10 g

4 × 2.5 で 10g だ!!

石灰石が 10g とけるとき発生する二酸化炭素は…

答えは 2000 cm³ だ!!

あれ？姿が変わった。

わっ!! 光った!?

よくがんばったネ！ボクは気体ランドのマスコット。気体マウスだったんだ。

マメ知識　このナゾの計算式
塩酸は 250 ÷ 100 = 2.5　より 2.5 倍なので、石灰石の量は　4 × 2.5 = 10（g）
グラフより、石灰石 10g で発生する二酸化炭素の量は → 2000 cm³　　答え 2000 cm³

ハイ
約束のカギだよ。
青色の
カギ
ゲット!!
やったー！
くそォ〜〜〜
またしても…
次はいよいよ
最上階。
この上へは
気体を利用した
すばらしい
乗り物…
気球で
行くといいよ。
気体ランド
え！ また!?
よし!!
ゴールが近づいて
きたぞ!!
でもさっきのは
水素の風船
だったけど
これは熱気球だぞ。
気体ランド
何が
ちがうの？
熱気球は
熱で空気を
あたためて
浮かぶんだよ。
へー
幸運を
いのってる
よ――!!

重要ポイントのまとめ >>> アンモニア・気体の発生と量

1 いろいろな気体とその性質

重要 ●アンモニア…①**水に非常によくとける**（水の体積の約700倍）。
②しげきの強いにおいがある。③空気より**軽い**。
④水溶液（アンモニア水）は弱い**アルカリ性**である。

重要 ●塩化水素…①**水に非常によくとける**（水の体積の約400倍）。
②しげきの強いにおいがある。③空気より重い。
④水溶液（**塩酸**）は強い**酸性**である。

●ちっ素…①水にとけにくい。②無色無臭である。
③**空気の体積の約5分の4をしめる**（空気とほぼ同じ重さ）。
④ものと結びつきにくい（食品パックなどに利用される）。

2 気体の発生と反応する量

ある体積の塩酸に、アルミニウムなどの金属を重さを変えて入れ、水素を発生させるとき、金属の重さと発生した気体の体積との関係は、右の図のようなグラフになる。

●**グラフの右上がりの部分**…気体の体積は加えた金属の重さに**比例**している。

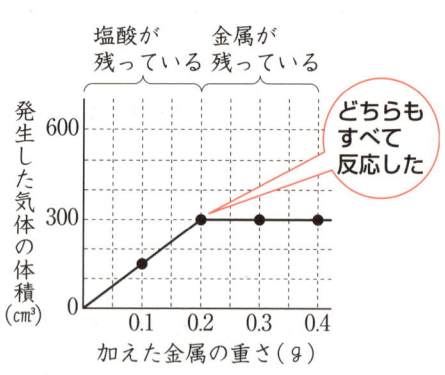

●**グラフの水平部分**…塩酸はなくなっている。

●**グラフの折れ曲がった点**…金属と塩酸がちょうど反応している。

第3章 気体

まんがのおさらい
基本例題で確認

右の図は、あるこさの塩酸50cm³に、重さを変えてアルミニウムのつぶを入れ、発生した気体の体積をはかってグラフに表したものです。

(1) 発生した気体は、何という気体ですか。名前を漢字で書きなさい。

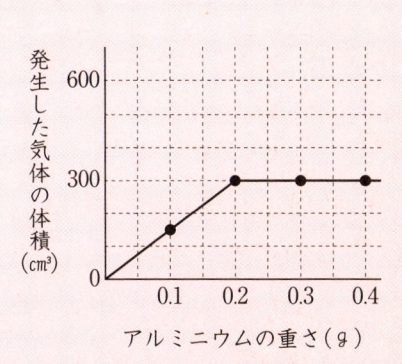

(2) 0.2gのアルミニウムがすべて塩酸にとけるとき、発生する気体の体積は何cm³ですか。

(3) 0.3gのアルミニウムをすべてとかすには、実験に使った塩酸が何cm³必要ですか。

解き方 ▶▶▶

(1) 塩酸にアルミニウムなどの金属がとけると、**水素**が発生します。

(2) ①アルミニウムが**0.2g**のとき、グラフが折れ曲がっています。折れ曲がった点は、塩酸とアルミニウムが**過不足なく反応した**ことを示しています。

②実験に使った塩酸は50cm³なので、この塩酸にアルミニウム0.2gがちょうどとけ、水素が300cm³発生したことがわかります。

(3) アルミニウムの重さが**1.5倍**になると、すべてとかすのに必要な塩酸の体積も**1.5倍**になります。したがって、$50 \times \dfrac{0.3}{0.2} = 75$(cm³)が必要です。

答え (1) 水素　(2) 300cm³　(3) 75cm³

入試問題に挑戦!! アンモニア・気体の発生と量

1 気体の発生と性質の問題

石灰石5gを三角フラスコに入れ、うすい塩酸を加えていきました。このときのようすは、右の図のグラフのようになりました。これについて、次の問いに答えなさい。　＜浦和明の星女子中改題＞

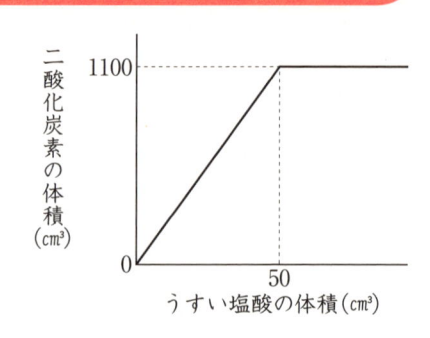

（グラフ：縦軸 二酸化炭素の体積（cm³）、横軸 うすい塩酸の体積（cm³）。50cm³で1100cm³に達し、以降一定）

(1) 図のグラフで、加えたうすい塩酸の体積を50cm³以上にしても、発生する二酸化炭素の体積が変わらないのはなぜですか。最も適当なものを選び、記号で答えなさい。　〔　　　〕

ア．三角フラスコ内に二酸化炭素がたまりすぎたから。

イ．温度が上がりすぎたから。

ウ．石灰石がなくなったから。

エ．水が多くなりすぎ、塩酸がうすまったから。

(2) 石灰石5gにうすい塩酸30cm³を加えたとき、発生する二酸化炭素の体積は何cm³ですか。　〔　　　cm³〕

(3) 8gの石灰石に同じうすい塩酸100cm³を加えました。発生する二酸化炭素の体積は何cm³ですか。　〔　　　cm³〕

> **ヒント!!**
>
> **1** (1) 折れ曲がっている点は、**過不足なく反応したとき**を示している。
>
> (2) 石灰石5gが塩酸50cm³とちょうど反応し、二酸化炭素が1100cm³発生している。塩酸が30cm³（50cm³の0.6倍）のときは、二酸化炭素の発生量も0.6倍になる。

2 気体の判別の問題

6種類の気体A～Fについて、次の実験①～実験④をしました。ただし、A～Fは次のア～カのどれかです。　　　＜帝塚山中改題＞

ア．塩化水素　　　　イ．アンモニア　　　ウ．二酸化炭素
エ．水素　　　　　　オ．酸素　　　　　　カ．ちっ素

実験①　気体A～Fのにおいを調べたところ、AとBには鼻をさすようなにおいがあり、その他の気体にはにおいがなかった。

実験②　気体A～Fの入った試験管に水を入れ、よくふり混ぜた。そのあと試験管内の液をリトマス紙につけたところ、次のような結果になった。

　　A、E…青→赤　　B…赤→青　　C、D、F…変化なし

実験③　気体Cの入った試験管に火のついた線こうを入れたところ、線こうが炎をあげてはげしく燃えた。

実験④　同じ体積の気体D、Fの重さを比べたところ、Fのほうが重かった。

(1) 気体A、C、Dはそれぞれ何ですか。気体の名前のア～カから1つずつ選び、記号で答えなさい。

　　　　　　　　A〔　　〕C〔　　〕D〔　　〕

(2) 気体A～Fのうちの1つの気体を丸底フラスコの中に入れ、右の図のような装置で、スポイトの呼び水を入れたところ、フラスコの中に青色のふん水ができました。フラスコの中に入れた気体はどれですか。記号で答えなさい。　〔　　　〕

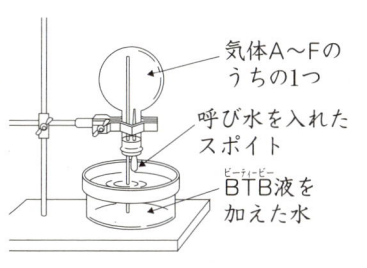

めざせ難関校!! ハイレベル総合問題 ▶▶▶ 気体の性質

答えと解説…149ページ

1 いろいろな重さのアルミニウム、鉄、あえんのつぶにそれぞれ10%のこさの塩酸Aを十分に加えて水素を発生させ、その体積をはかりました。このとき、反応したこれらの金属の重さと得られた水素の体積の関係をグラフに表すと、右上の図のようになります。次の問いに答えなさい。ただし、気体の体積はすべて、同じ圧力、同じ温度ではかったものです。計算の答えは、必要ならば小数第2位を四捨五入して、小数第1位まで求めなさい。 〈灘中改題〉

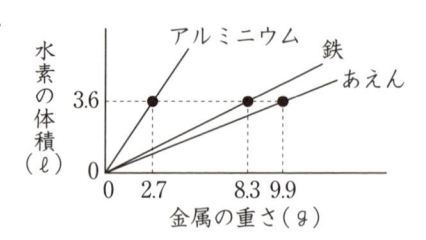

(グラフ：横軸 金属の重さ(g)、縦軸 水素の体積(ℓ)。アルミニウム 2.7g、鉄 8.3g、あえん 9.9g でそれぞれ水素 3.6ℓ)

(1) 金属が塩酸にとけて水素が発生する反応について、正しく述べているのはどれですか。次の**ア～エ**から選び、記号で答えなさい。　〔　　〕
ア．水素はすべて、塩酸がこわれて出てくる。
イ．水素はすべて、金属がこわれて出てくる。
ウ．水素の大部分は塩酸が、一部は金属がこわれて出てくる。
エ．水素の大部分は金属が、一部は塩酸がこわれて出てくる。

(2) アルミニウム、鉄、あえんそれぞれ1.0gずつに、十分な量の塩酸Aを加えるとき、発生する水素の体積が最も大きいのはどの金属の場合ですか。名前を答えなさい。　〔　　〕

(3) アルミニウム5.0gに塩酸A100cm³を加え、もはや反応しなくなったとき水素が4.8ℓ得られました。このとき、とけないで残っているアルミニウムは何gですか。すべてとけた場合には0gと答えなさい。
〔　　〕

第3章　気体

(4) 十分な量のあえんに塩酸A100cm³を加えると、水素は何ℓ得られますか。
〔　　　　　〕

(5) アルミニウムとあえんが混じっている金属のかたまりがあり、その全体の重さは10gです。これに塩酸Aを十分加えたら、金属のかたまりがすべてとけて水素が6.0ℓ得られました。混じっていたアルミニウムは何gですか。
〔　　　　　〕

2 お菓子やのりなどの乾そう剤として使われている「生石灰」は、空気中の水蒸気を吸収すると「消石灰」に変わります。100gの生石灰がじゅうぶんに水蒸気を吸収すると、132gの消石灰ができます。消石灰は水にとけ、その水溶液を石灰水といいます。石灰水は二酸化炭素をふきこむと、水にとけにくい炭酸カルシウムができて白くにごります。100gの炭酸カルシウムに塩酸をじゅうぶん加えると、25ℓの二酸化炭素が出てきます。
〈ラ・サール中改題〉

(1) 50gの生石灰を、湿った空気中にしばらく放置したところ、54gになりました。はじめの生石灰のうち、何％が消石灰になりましたか。
〔　　　　　〕

(2) 石灰石は炭酸カルシウムを多くふくんでいますが、炭酸カルシウム以外のものもふくんでいます。ある石灰石を80gとって塩酸をじゅうぶんに加えたところ、18ℓの二酸化炭素が出てきました。実験に用いた石灰石には、炭酸カルシウムが何％ふくまれていますか。ただし、炭酸カルシウム以外の成分は塩酸を加えても変化しないものとします。
〔　　　　　〕

ヒント！

2 (2) 18ℓの二酸化炭素は、何gの炭酸カルシウムから出るかを考える。

知っ得！情報 ガスバーナーの使い方

★ガスバーナー

　ガスを燃料としている加熱器具です。ガスホースがつながっているので、アルコールランプと比べると、持ち運びには不便ですが、アルコールランプよりも強い火力で長い時間加熱することができます。使用するときには、次のような順序で正しく使いましょう。

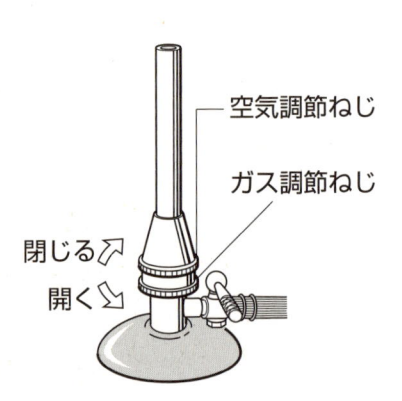

空気調節ねじ
ガス調節ねじ
閉じる
開く

① ガス調節ねじと空気調節ねじが閉じていることを確認する。
② ガスの元せんを開く。
③ マッチの火を近づけてから、ガス調節ねじを開く。
④ ガス調節ねじを回して、炎の大きさを調節する。
⑤ 空気調節ねじを開いて、炎を青白い色にする。

○消すときは、①空気調節ねじ、②ガス調節ねじ、③ガスの元せん、の順に閉じていく。

★ガスバーナーの炎と空気の調整

●空気が不足している
赤黄色に光る長い炎になる。ろうそくのようにすすが多く出る。

●正しい炎
全体に青白い炎になる。明るさは弱くなるが火力が強くなる。

●空気が多すぎる 
内炎（青色）と外炎（赤紫色）の境がはっきり目立つ。ボーボーと音がする。

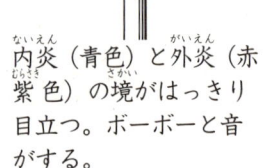

第 **4** 章 ▶▶▶ もの の燃え方

　さあ、ついに最上階までのぼってきましたね。残るカギはあと1つ…。
　この章では、「燃える」という現象のひみつにせまります。ろうそくは、どうやって燃えているのでしょう。また、木の燃え方と、木からつくった炭の燃え方は、どんなふうにちがうのでしょうか。
　最後のカギをゲットするために、解かなければならないナゾとは…？
　そしてリカコとマナブは、もとの世界にもどれるのでしょうか…？

1 ものが燃えるしくみ…………………………… **116**

2 ろうそくの燃え方…………………………… **121**

3 炭や鉄を燃やすと…？…………………………… **125**

第4章 もののの燃え方

1 ものが燃えるしくみ

ねえタグ
さっきは水素だったけど、熱気球は何で浮くの?

チッ…
少しは頭使えよな。

水素の気球と同じだよ。軽いからだ。

あたためられた空気は軽くなるんだ。

あ！
大きなあながある。

ここをぬけたら最上階かな？

…なんか暑くない？

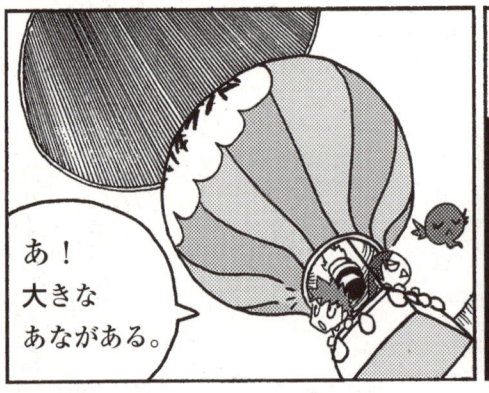

> **マメ知識** 熱気球の空気は、球形のふくろの下からバーナーで熱してあたためられる。中の空気の温度は70℃〜100℃くらいになる。

116

1 ものが燃えるしくみ

わ!! 火の海だ!!

ブキミなとこだな…

いよいよって感じね。

ククク… よくここまで来たもんだ。

最後の守護者 ポニー老師 だァアア!!

だが、今度こそカクゴしておいたほうがいいぞ。

現在地

第4章　ものの燃え方

先へ進まんとする者よ。

せっかくだ。ナゾの前に、わしと少し遊んでみんか？

遊ぶ？

フッ…こんなところにいると退屈なのだよ。

このろうそくに容器をかぶせたら、どうなるかな？

知ってるよ。火が消えるんでしょ？

出てきた！？

パチン

ではこの容器に指先くらいのあなをあけて火が消えないようにしてみせよ。

ええっ！？

これでどうかな。

わたしはこう。

フッ…
正解はこうだ。

あ!!　消えた!!

フッ

え!?
あなが2つ!!

くわしく　空気の流れができないと、新しい空気は入ってこない。ろうそくにかぶせる容器の上部があいているつつでも、つつ自体の直径が小さく、長いつつだとろうそくは燃えにくく、消えてしまうことがある。

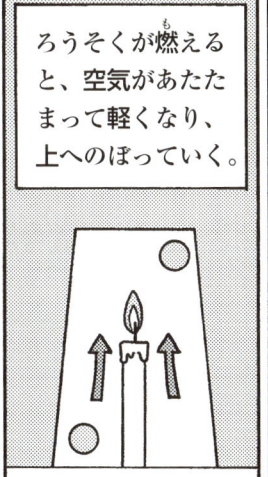

1 ものが燃えるしくみ

あなが1つだけとは言っておらん。

これがナゾではなくてよかったな。

ずるーい

ろうそくが燃えると、空気があたたまって軽くなり、上へのぼっていく。

のぼった空気が上のあなから出ていき、その分、新しい空気が下のあなから入ってくる。

上と下にあながないとダメなんだ。

つねに空気が入れかわっているのね。

そう。これがものが燃える3つの条件の1つ目「新しい空気」だ。

ものが燃える3つの条件!?

じゃああとの2つは？

2つ目は「燃えるものがあること」

え…そんなのあたり前じゃない。

あたり前だが大事な条件だ。

マメ知識▶ ガスバーナーのガス調節ねじを閉じて火を消すことは、燃えるものをとりのぞくことになる。

119

第4章 ものの燃え方

たとえば、山林には防火帯（ぼうかたい）というものがある。

木のない場所をわざとつくっておいて万が一、山火事が起きても火が広がらないようにするものだ。

そうか！燃えるものがなければ火はつかない！

逆に考えれば燃えない条件になるのね。

あと1つは？

ではこれに火をつけてみよ。

パチン

これは!?

昔の道具だ!!

フッ

よし！
シュシュ

がんばれマナブ！
シュシュシュシュ

やった!!ついた!!
ぜーぜー

それが3つ目の条件「発火点より高い温度」だ。

ものには燃え始める温度があり、それを「発火点」という。

棒と板がこすれて発生するまさつの熱で温度が上がり、火がついたのだ。

なるほど

ハーぜー

重要

★ものが燃える条件
① 新しい空気（酸素）
② 燃えるもの
③ 発火点以上の温度

> **マメ知識** ものをこすり合わせたときに出る熱をまさつ熱という。マッチはじくの頭に燃えやすい薬品が使われており、台紙にこすったときにまさつ熱で発火するしくみになっている。

2 ろうそくの燃え方

ではこんなのはどうかな。

真ん中のろうそくに火をともしてみよ。

えっ!? そんなのカンタンじゃん。

となりのろうそくから火を移して…

あれ？

ろうがとけるだけで火がつかない！

何か変じゃない？このろうそくしんがない！

フッ…よくぞ気がついた。しんのないろうそくには火はつかぬ。

何だよそれ!!

でもどうしてなの？

マメ知識▶ ものが酸素と結びつくことを**酸化**という（87ページ参照）。「燃えること（**燃焼**）」とは酸化の一種で、熱や光を出して、激しく酸化することである。

第4章 ものの燃え方

ろうそくのしんはろうが気体になるために必要なのだ。

ろうの動きがわかるようにしてやろう。

目印に炎から出るすすを使う。

棒？

炎の中にガラスの棒を入れ、ついたすすを、ろうがとけたところに落とすのだ。

これでいいのかな？

お！！すすの黒い点がろうそくのしんをのぼってく！

とけたろうが動いているのね！

① 炎の熱でとけたろうの液体がしんを伝って炎の中に入る。

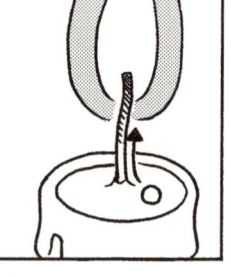

○ろうの液体

② 炎の熱でろうは液体から気体になって燃える。

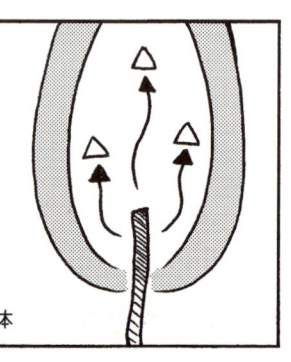

△ろうの気体

その通りだ。

くわしく ろうは固体→液体→気体と変化して燃える。燃えているろうそくのしんの根元をピンセットなどではさむと、ろうの液体がしんをのぼれなくなるので、火は消える。

2 ろうそくの燃え方

燃えるのは**ろうの気体**なのね。

炎は気体が燃えるときにだけ出るのだ。

えっ？木や紙が燃えるのは？

同じく気体が燃えている。

ろうや木、紙などは、熱によって水素や一酸化炭素が出てくる。

○ 水素
□ 一酸化炭素

それらが燃えて炎が出るのだ。

水素が出てくるということはどういうことかわかるかな？

あ!!水滴がついてる!!

水素をふくむものが燃えると、水蒸気、つまり水ができるのだ。

先ほどろうそくにかぶせて火を消した容器の内側を見てみよ。

★**ろうや木が燃えるとき** 重要
ろうや木などが燃えると、水と二酸化炭素ができる。
→気体が出ていくので、重さは軽くなる。

くわしく ろうや木など、炭素と水素をふくむものが燃えると、炭素が酸素と結びついて二酸化炭素になり、水素が酸素と結びついて水ができる。

第4章 ものの燃え方

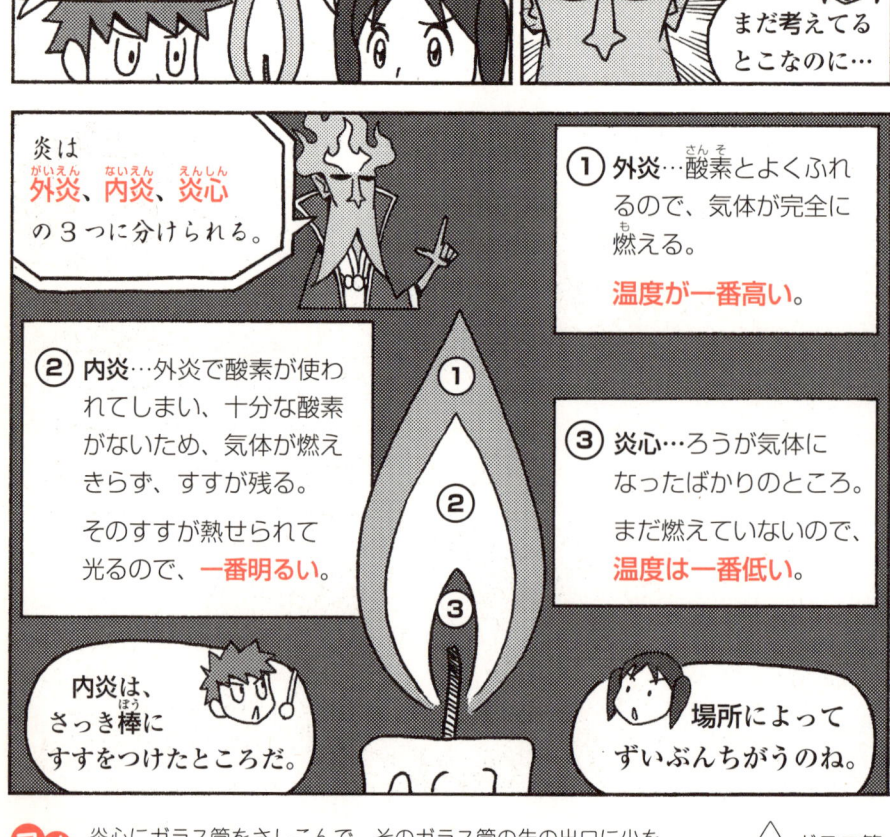

では こんなのは どうかな。

…まだ やるの？

炎の中で 一番温度が 高いところを 示せ。

炎に温度の ちがいって あるんだ。

そう！ 炎は 場所によって 温度がちがうのだ。

…うーん 真ん中の一番 明るいところかな？

不正解!!

早いよ!! まだ考えてる とこなのに…

炎は **外炎、内炎、炎心** の3つに分けられる。

① **外炎**…酸素とよくふれるので、気体が完全に燃える。
温度が一番高い。

② **内炎**…外炎で酸素が使われてしまい、十分な酸素がないため、気体が燃えきらず、すすが残る。
そのすすが熱せられて光るので、**一番明るい。**

③ **炎心**…ろうが気体になったばかりのところ。
まだ燃えていないので、**温度は一番低い。**

内炎は、 さっき棒に すすをつけたところだ。

場所によって ずいぶんちがうのね。

> **マメ知識** ▶ 炎心にガラス管をさしこんで、そのガラス管の先の出口に火を近づけると、炎が移って燃え続ける。これは、炎心から、ろうの気体がガラス管を通って出てきたからである。

ガラス管
炎心

3 炭や鉄を燃やすと…？

さらに！こんなのもあるぞ。

もういいかげん…ナゾ出して欲しいんですけど…

これを燃やしてみせよ。

木炭だ！

キャンプで使ったことあるよ。
まずまきに火をつけて…

それを火種にして、木炭に火をつける。

これでどうだ!!

赤く光ってきれいねー。

マメ知識▶ 木炭はナラやクヌギの木などからつくられる。木炭はすすやけむりが出ないので、焼き鳥などの調理によく使われる。試験管でつくる木のむし焼き実験は140ページ参照。

3 炭や鉄を燃やすと…?

これを燃やしてみせよ。

スチールたわしだ!

あ!赤く光るけど炎が出ない。

鉄も固体のまま燃えるのね!

燃焼とは、ものが熱や光を出しながら激しく酸素と結びつくことだ。

鉄は熱することで酸素と結びつき、酸化鉄となる。

酸素と結びついた分重さも増えるのだ。 【重要】

★鉄を燃やしたときの変化 【重要】

鉄 + 酸素 → 酸化鉄

銀色	黒色
磁石につく	磁石につく
電気を通す	電気を通さない

あれ?酸素と結びついた鉄って、さびた鉄のことじゃなかったっけ?

そういや守護者のロボットがそう言ってたな。

さんそとむすびつくことが酸化です

じゃあ鉄がさびるのと燃えるのって同じこと?

いや

マメ知識 金属を燃やしたときの変化…鉄 + 酸素 → 酸化鉄(黒色)、銅 + 酸素 → 酸化銅(黒色)、マグネシウム + 酸素 → 酸化マグネシウム(白色)

第4章　ものの燃え方

鉄が酸素と結びつくという点では同じで、どちらも酸化鉄になる。だが酸素と鉄の結びつき方がちがっているのだ。

だから性質にもちがいがある。

では…

また!?

へえーそうなんだ。

いったいいつまで続くのよ…

	燃焼による酸化鉄	・黒い（黒さび）・磁石につく
	自然にさびてできた酸化鉄	・赤い（赤さび）・磁石につかない

そろそろ最後のナゾを出そうか!!

!!

これを解いたら…

元の世界に帰れるんだ。

ククク…そううまくいくかな？

> **マメ知識**　酸化のときに出る熱を利用しているものに、使い捨てカイロがある。使い捨てカイロの中には鉄の粉が入っている。カイロを軽くふることによって鉄の粉が空気中の酸素にふれ、酸化が始まって熱を発生させる。

3 炭や鉄を燃やすと…？

この地獄の釜の炎を消してみよ!!

ギャーハハハ
これはムリだ!!
あきらめろ!!

マナブ…
覚えてる？
ものが燃える条件…

!!

そうか！
あの条件の1つでも欠ければ、ものは燃えない!!

!!
私のイス！

せーの！

今できることは…
これだ!!

> **マメ知識** 赤さびは、しだいに鉄の中までさびが進み、鉄はやがてぼろぼろになる。一方、黒さびはすき間なく鉄の表面をおおうので、鉄を赤さびから守る役目をする。

第4章　ものの燃え方

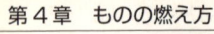

これでどーだ!!

…地獄の釜にふたをして新しい空気が入らないようにし、炎を消す…

ウム 見事だ!

受け取るがいい。最後のカギだ。

紫色のカギゲット!!

わ!! 7つのカギが光って…

大きなカギになった!!

それで元の世界へのとびらが開く。

…よくぞこの塔を登りきったな。

おまえたちのような若者が難関を乗り越えながら成長する姿を見るのは楽しかったぞ。

礼を言わせてもらおう。

いや…そんな…てれるね。

> **マメ知識** 油の入ったなべに火がついたときは、なべにふたをかぶせるなどして空気をさえぎり、消火する。水をかけると、ふっとうした水とともに熱い油が飛び散って危険である。

3 炭や鉄を燃やすと…?

あいつだけは
納得して
いないみたい
だが…

タグ!!

ねぇ
どうしたのよ。

うるさい!!
さっさと
元の世界に
帰っちまえよ!!

またどっかで
会おうぜ。
タグ…

これだけいっしょに
冒険したんだ。
オレたちもう
トモダチだろ?

べ…べつに
オマエらなんて
どーでもいい
んだけどよ…

会いたいってんなら
会ってやっても
いいけどな!!

> マメ知識▶ 砂鉄を空気にふれさせても赤さびは発生しない。これは、砂鉄は酸化鉄が砂の状態になったもの(黒さび)なので、それ以上酸化することがないためである。

131

第4章　ものの燃え方

ドサ
…無事にもどってこれたみたいね。
ギャアアア!!
何やってんのよ…
あ、あの本なくなってる…
でも、忘れたころに出てきそうな気がするよ。
そうだね。
さてと早く帰って宿題やらなきゃ。
オレさ今なら宿題なんて一瞬で終わらせられると思うぜ！
レベルアップしたからね
でもマナブ宿題は理科じゃなくて国語だよ。
うわぁ!!しまったぁ!!

重要ポイントのまとめ >>> ものの燃え方

1 燃焼の条件

重要 ①**酸素**…ものが燃えるには，酸素が必要。
- 火が消えるのは酸素がなくなる（減る）からで，二酸化炭素などがふえるからではない。
- 消火には→新しい空気（酸素）にふれさせない。

②**燃えるもの**…燃えるものがないと燃焼は続かない。
- 消火には→燃えるものをなくす（木を切る，など）。

③**じゅうぶんな温度**…ものが燃え始める温度（**発火点**）以上の温度が必要。
- 消火には→温度を下げる（水をかける，など）。

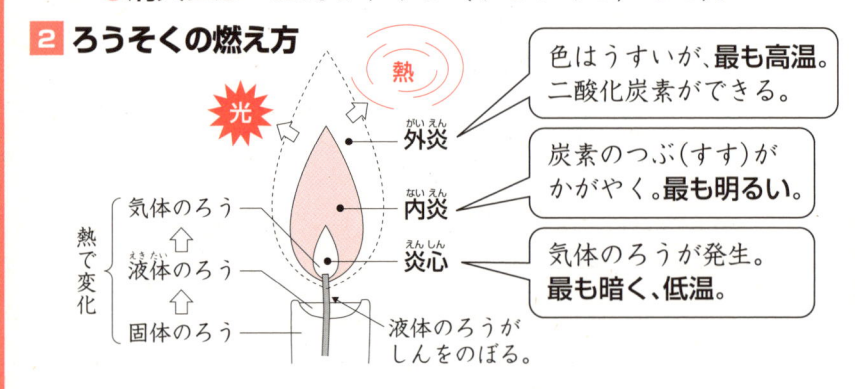

2 ろうそくの燃え方

- 外炎：色はうすいが，**最も高温**。二酸化炭素ができる。
- 内炎：炭素のつぶ（すす）がかがやく。**最も明るい**。
- 炎心：気体のろうが発生。**最も暗く，低温**。

熱で変化：固体のろう ⇧ 液体のろう ⇧ 気体のろう

液体のろうがしんをのぼる。

○**燃える**→熱や光を出しながら，**もの**（成分）が**酸素**と結びつく

入試に役立つ　気体になって燃えるもの

○**ろうそく**…発火点→ろうがとける→しんをのぼる→気体になる
　　　　　　（高温）
　　　　→燃える！

○**アルコール**…発火点→アルコールが気体になる→燃える！
　　　　　　　　（高温）　（液体なので気体になりやすい）　（すすが出ない）

第4章 ものの燃え方

まんがのおさらい ▶▶▶
基本例題で確認

ものの燃え方について、次の問いに答えなさい。

(1) 右の図のように、燃えているろうそくにつつをかぶせ、ガラス板でふたをしたところ、まもなくろうそくの火が消えました。火が消えたのはなぜですか。
　ア．酸素がなくなったから。　　イ．酸素が減ったから。
　ウ．二酸化炭素が発生したから。

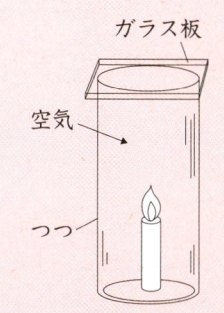

(2) 火を消すには、ものが燃える3つの条件のどれかをなくします。次の①～③は、ア～ウのどの消し方にあたりますか。
　① ろうそくの火に息をふきかけて消す。
　② アルコールランプのほのおにふたをかぶせて消す。
　③ ろうそくの火に銅の針金のコイルをかぶせる。
　ア．燃えるものをなくす。　　イ．酸素にふれさせない。
　ウ．温度を発火点以下に下げる。

解き方 ▶▶▶

(1) 火が消えたとき、酸素はまだかなり残っています。
(2) ①ろうそくのほのおの炎心には、気体のろうが発生しています。息をふきかけると、この気体のろうが飛ばされます。
　②ふたをかぶせると、外の空気とふれなくなります。
　③銅は熱を伝えやすいので、ほのおから熱をうばいます。すると、気体のろうが燃えるための温度が保てなくなります。

　　　　答え　(1) イ　　(2) ① ア　② イ　③ ウ

入試問題に挑戦!! ものの燃え方

1 ものが燃える条件の問題

次の実験について，あとの問いに答えなさい。　　＜専修大松戸中改題＞

[実験] ①下の図1～図4のように，同じろうそくに火をつけ，断面積が同じでいろいろな長さのつつをかぶせた。図1はつつの下にすきまがあり，図2～図4はつつの下にすきまがない。

② ろうそくの火が消えるか，または燃えつきるまでの時間をはかった。

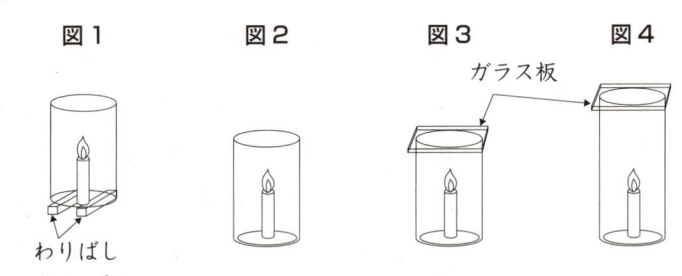

　　図1　　　図2　　　図3　　　図4
（ガラス板）
（わりばし）

(1) 次のA～Cは，ものが燃え続けるために必要な3つの条件を表しています。空らん（ a ），（ b ）にあてはまる適切な言葉を入れなさい。　　　a〔　　　　　〕b〔　　　　　〕

A. つねに新しい（ a ）が供給されること。

B. ものの（ b ）が一定以上に保たれること。

C. 燃えるものがあること。

(2) 実験の結果，ろうそくが燃えつきるか，または火が消えた順はどのようになりましたか。早い順に左から図の番号をならべなさい。ただし，燃えつきたものは2つありました。

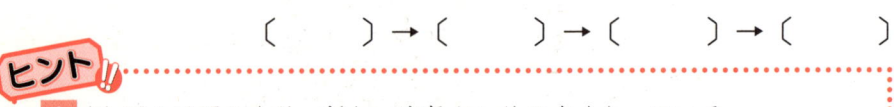

〔　　〕→〔　　〕→〔　　〕→〔　　〕

ヒント!!

1 (2) 図1は図2より，新しい空気が入りやすくなっている。

2 ろうそくの燃え方の問題

次の問いに答えなさい。　　　　　　　　　　　　　＜江戸川学園取手中改題＞

(1) 右の**図1**は、ろうそくのつくりを模式的に表したものです。A～Cの部分についての説明として、適切なのはどれですか。次の**ア**～**エ**から1つ選び、記号で答えなさい。〔　　　〕

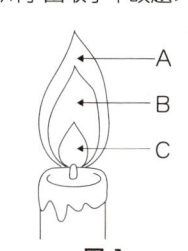

　ア. Aは外炎とよばれ、もっとも明るい。
　イ. Bは中炎とよばれ、すすが熱せられてかがやいている。
　ウ. Cは炎心とよばれ、気体のろうができている。
　エ. 温度はAがもっとも低く、Cがもっとも高い。

(2) 右の**図2**のように、ろうそくの炎の中に水でしめらせた木の棒を入れたところ、棒の一部がこげて黒くなりました。こげた部分はどこですか。図の**ア**～**オ**からあてはまる部分をすべて選び、記号で答えなさい。

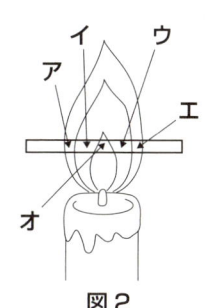

〔　　　〕

(3) **図2**と同じようにして、ろうそくの炎の中に金属の棒を入れたところ、すすがついて黒くなった部分がありました。黒くなったのはどの部分ですか。図の**ア**～**オ**からあてはまる部分をすべて選び、記号で答えなさい。〔　　　〕

(4) ろうそくが燃えると、しだいに短くなり、はじめより軽くなります。燃えて残ったものがはじめより重くなるものはどれですか。次の**ア**～**エ**から1つ選び、記号で答えなさい。〔　　　〕

　ア. 紙　　**イ**. 木　　**ウ**. スチールウール　　**エ**. アルコール

ハイレベル総合問題 ▶▶▶ もの燃え方

めざせ難関校!!

答えと解説…151ページ

1 2種類のアルコールA，Bの燃焼に関する次の文を読んで答えなさい。ただし，空気は体積の80％がちっ素，20％が酸素とし，気体の体積は同じ条件で測定するものとします。　　　　　　　　　　　　　　＜灘中改題＞

> 0.8gのアルコールAを燃焼させるのに必要な空気の体積を調べると，4.5ℓでした。また，0.8gのアルコールAを燃焼させた後の気体のすべてを石灰水に通じ再び集めると，気体の体積は石灰水に通じる前より0.6ℓ減少していました。
>
> さらにこのとき石灰水中に生じた白い固体を集めて，その重さを測定すると2.5gでした。
>
> アルコールBについても同じような実験を行うと，0.8gのアルコールBを燃焼させるには空気7.2ℓが必要で，燃焼後の気体を石灰水に通じて石灰水中に生じた白い固体の重さを測定すると4.0gでした。

(1) 0.8gのアルコールAを燃焼させるのに必要な酸素は何ℓですか。

〔　　　　ℓ〕

(2) 0.8gのアルコールBを燃焼させた後の気体を石灰水に通じたとき，石灰水に通じる前と比べて気体の体積は何ℓ減少していますか。

〔　　　　ℓ〕

(3) アルコールAとアルコールBの混合物1.0gを燃焼させ，燃焼後の気体を石灰水に通じて石灰水中に生じた白い固体の重さを測定すると，4.25gでした。このアルコール混合物1.0gを燃焼させるには，空気は少なくとも何ℓ必要ですか。また，このアルコール混合物1.0g中にアルコールAは何gふくまれていますか。空気…〔　　　　ℓ〕　A…〔　　　　g〕

第4章　ものの燃え方

2

右の図のように，重さが30gの蒸発皿にマグネシウムの粉末を入れて水面にうかせ，マグネシウムに点火して，すぐに6ℓのビーカーでふたをしました。マグネシウムが燃焼した後，ビーカーの中に残った空気の体積を測定しました。

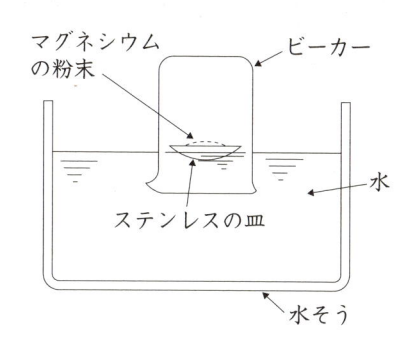

マグネシウムの重さをいろいろ変えて実験をしたところ，下の表の①～④のような結果を得ました。これについて，あとの問いに答えなさい。ただし，ビーカーの中の空気の体積は，部屋の空気の温度・気圧と同じ条件ではかった値です。また，空気はちっ素と酸素だけからなり，その体積の比は4：1とします。

〈智学館中改題〉

表

実験	①	②	③	④
燃焼前の蒸発皿の重さ(g)	30.6	31.2	32.4	33.6
燃焼後の蒸発皿の重さ(g)	31.0	32.0	34.0	35.2
燃焼による重さの増加(g)	0.4	0.8	1.6	X
燃焼後の空気の体積(ℓ)	5.70	5.40	4.80	4.80

(1) 表の空らんXにあてはまる数を，小数第1位までの値で答えなさい。

〔　　　　　〕

(2) 酸素1.2ℓの重さは何gですか。小数第1位まで答えなさい。

〔　　　　g〕

ヒント!!

2 (1) 燃焼後の空気の体積は，酸素がなくなると一定になる。

知っ得！情報　木のむし焼き

　木炭は、酸素を与えずに強く熱する「むし焼き」（乾留）でつくられています。実際には木を切ったまきを、炭焼きがまに入れてつくりますが、割りばしと試験管で「木炭」をつくる実験ができます。

★割りばしのむし焼き実験

　図のように試験管を設置して、熱します。熱してからしばらくすると試験管の中は白いけむりでいっぱいになり、ガラス管から白いけむりが出てきて、独特の強いにおいもします。

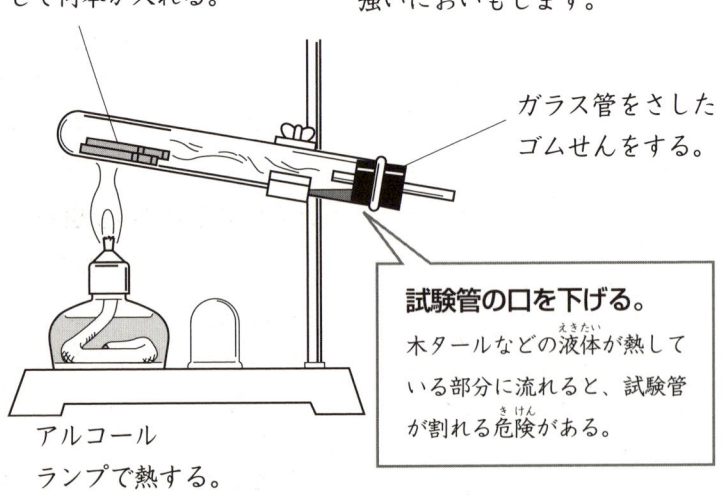

割りばしを小さくして何本か入れる。

ガラス管をさしたゴムせんをする。

試験管の口を下げる。
木タールなどの液体が熱している部分に流れると、試験管が割れる危険がある。

アルコールランプで熱する。

★木のむし焼きからできるもの

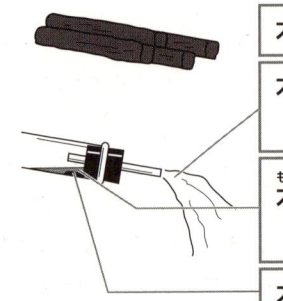

木炭	黒い固体。ほとんど炭素でできている。
木ガス	白いけむりの中にふくまれる気体。水素をふくんでいるのでよく燃える。
木酢液	うすい黄かっ色の液体。酢酸をふくんでいるので、酸性を示す。
木タール	こい茶色で油のようにどろっとした液体。

答えと解説

22〜35ページの答えと解説

もののとけ方

▶▶▶ 22・23ページの答え

1 (1) エ　(2) 19.7g　(3) C

2 (1) 4%　(2) 95g
(3) ア，エ

3 エ

解説

1(1) Aは、80℃の水100gに食塩を合計で30g加えたことになる。80℃の水100gに食塩は38.0gまでとけるので、30gの食塩はすべてとける。Dは、20℃の水100gに食塩を合計で40g加えたことになる。20℃の水100gに食塩は35.8gしかとけないので、4.2gの食塩がとけ残る。

(2) 60℃の水80gには、37.1×80÷100＝29.68より、29.7gまでの食塩をとかすことができる。したがって、あと、29.7－10＝19.7(g)をとかすことができる。

(3) 食塩がすべてとけているときのこさは、温度に関係しない。A〜Dの食塩水のこさをそれぞれ求めると、Aは、10÷110×100＝9.09…より、9.1%、Bは、10÷90×100＝11.11…より、11.1%、Cは、20÷100×100＝20(%)、Dは、20÷120×100＝16.66…より、16.7%である。

2(1) 水溶液の重さは120＋5＝125なので、濃度は、5÷125×100＝4より、4%である。

(2) 水の重さを□gとすると、5÷(5＋□)×100＝5　となるので、□＝95(g)である。

(3) 水溶液にふくまれている水は、それぞれ100×(1－0.1)＝90(g)である。食塩の量は、100×0.1＝10(g)であるから、食塩のこさは、10÷(100＋90)×100＝5.26…より、10%より小さい。

3 水100cm³(100g)に食塩20gを入れたときのこさは、20÷120×100＝16.66…より、16.7%である。エの水の体積は、100cm³より小さいので、16.7%よりこくなっている。

とけているものを取り出す

▶▶▶ 34・35ページの答え

1 (1) 6.0g　(2) 7.5g
(3) 18.5g　(4) 37.2g
(5) 15.0g

2 (1) 1.8g　(2) イ
(3) ろうとの先をビーカーのかべにつける。

解説

1(1) 40℃の水100gに、ホウ酸は9.0gまでとけるので、15－9.0＝6.0(g)がとけ残る。

(2) 60℃の水100gには、ホウ酸は15.0gまでとける。したがって、60℃の水50gには、15.0÷2＝7.5(g)までとけるので、15.0－7.5＝7.5(g)がとけ残る。

141

答えと解説

(3) ホウ酸は水100gに、80℃で23.5g、20℃で5.0gまでとけるので、その差の、23.5−5.0＝18.5(g)が出てくる。

(4) ホウ酸は、40℃の水300gには、9.0×3＝27(g)までとけている。出てきた結晶と合わせて、はじめに、27＋10.2＝37.2(g)がとけていたことになる。

(5) 80℃の水100gにホウ酸を23.5gとかした飽和水溶液123.5gからは、(3)で求めたように18.5gの結晶が出てくるので、飽和水溶液100gからは、18.5×100÷123.5＝14.97…より、15.0gのホウ酸が出てくる。

2 (1) ホウ酸は、40℃の水50mLには4.4gまでとけるので、20mLには、$4.4 \times \dfrac{20}{50}$＝1.76より、1.8gとけている。

(2) 80℃では、水250mLに50gのホウ酸がすべてとけているが、20℃ではその一部が結晶として出ているので、250mLの水にとけているホウ酸の重さは、50gより少なくなっている。したがって、そのこさははじめよりうすくなっている。

(3) ろうとの先のとがっているほうを、ビーカーのかべにつけると、先にろ液がたまることなく、なめらかに下のビーカーの中に落ちていくので、ろ過の操作が早く完了する。

ハイレベル 総合問題 ▶▶▶ もののとけ方
▶▶▶ 36・37ページの答え

1 (1) 11.1%
(2) ①…ア ②…オ

2 (1) 27.5g (2) 20g

解説

1 (1) グラフより、50℃の水100gに物質Aは20gまでとける。したがって、4倍の400gの水には、20gの4倍の80gまでとけるので、50gの物質Aはすべてとけている。よって、その濃度は、50÷(50＋400)×100＝11.11…より、11.1%である。

(2) 水溶液は飽和水溶液なので、水が蒸発すると、蒸発した水にとけていた物質Aがすべて結晶として出てくる。図3の減少した水溶液の重さは、蒸発した水の重さと結晶として出てきた物質Aの重さの和であり、温度が一定の場合、減少した水溶液の重さと、その中にふくまれる物質Aの重さは比例するので、グラフ①は**ア**のようになる。また、残った水溶液は物質Aの飽和水溶液なので、そのこさはつねに一定である。したがって、グラフ②は**オ**のようになる。

2 (1) 80℃の水100gにとける食塩の重さは38.0gなので、80℃の飽和水溶液138g中に食塩が38.0gふくまれることになる。したがって、飽和水溶液

36〜61ページの答えと解説

100g 中には、38.0×100÷138＝27.53
…より、27.5gの食塩がふくまれる。
(2) 30℃の水100gに、ホウ酸は7gまで
とけている。水の温度を20℃にする
と、とけているホウ酸の重さは、7−
3＝4(g)となって飽和水溶液になって
いる。20℃の水100gにとけるホウ酸
は5gまでなので、4gのホウ酸をと
かして飽和水溶液となっているとき
の水の重さは、$100×\frac{4}{5}＝80(g)$であ
る。したがって、100−80＝20(g)の
水を蒸発させたことがわかる。

酸とアルカリ・中和

▶▶▶ 60・61ページの答え

1 (1) ① ウ　② 20cm³
　(2) 1.5g

2 (1) イ　(2) 3.2g　(3) 37cm³
　(4) 1.9g

解説

1(1)① グラフのa点は、塩酸A 30cm³と
水酸化ナトリウム水溶液B 40cm³を混
ぜ合わせたことを示している。水酸
化ナトリウム水溶液B 40cm³を中和し
て中性にする塩酸Aの体積は、グラ
フより20cm³なので、a点で示される
混合溶液では、塩酸Aが10cm³多いこ
とになる。したがって、混合溶液は
酸性を示し、BTB液を加えると黄色
を示す。

② 塩酸Aを2倍にうすめると、同
じ体積中にふくまれる塩酸のつぶが
$\frac{1}{2}$になる。したがって、20cm³の塩酸
Cは、10cm³の塩酸Aと同じものと考
えられる。塩酸A 10cm³を中和して中
性にするには、グラフより20cm³の水
酸化ナトリウム水溶液を加えればよ
いとわかる。

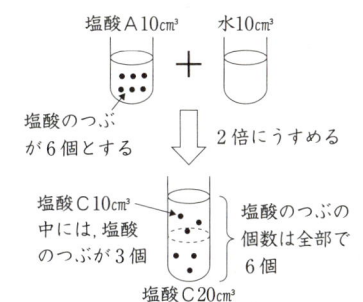

塩酸A 10cm³　　水10cm³

塩酸のつぶ
が6個とする　　2倍にうすめる

塩酸C 10cm³
の中には、塩酸
のつぶが3個　　塩酸のつぶの
　　　　　　　個数は全部で
塩酸C 20cm³　　6個

(2) 20cm³の塩酸Aがすべて中和すると、
食塩が1.2gできるので、中和する塩
酸Aの体積が25cm³のときにできる
食塩の重さを□gとすると、中和す
る塩酸Aの体積と、中和によってで
きる食塩の重さは比例するので、20：
25＝1.2：□より、□＝1.5(g)である。

2(1) 塩酸の体積が0〜30cm³のときは、加
えた塩酸の体積が10cm³ふえるごと
に、残った固体の重さが0.4gずつふ
えている。塩酸の体積が30cm³から
40cm³にふえたときは、4.68−4.4＝0.28
(g)しかふえていないので、DからE
にふえた塩酸10cm³のうち、その一部
の10×0.28÷0.4＝7(cm³)の塩酸だけが

143

中和に使われたことになる。したがって、ビーカーEの混合溶液は塩酸が残っていて酸性を示し、BTB液は黄色を示す。

(2) 塩酸の体積が10cm³ふえるごとに、残った固体の重さは0.4gずつふえているので、AからBに塩酸を5cm³ふやすと、残った固体の重さは0.2gふえる。したがって、①は、3.4−0.2＝3.2(g)である。

(3) (1)で述べたように、ビーカーDとEの結果を比べて、水酸化ナトリウム水溶液40cm³とちょうど中和する塩酸の体積は、30＋7＝37(cm³)であることがわかる。

(4) (3)より、ビーカーCでは、37−15＝22(cm³)の塩酸と中和する水酸化ナトリウム水溶液が残っていることになる。37cm³の塩酸と中和する水酸化ナトリウム水溶液40cm³にとけている水酸化ナトリウムの重さが3.2gなので、22cm³の塩酸と中和する水酸化ナトリウム水溶液中にとけている水酸化ナトリウムの重さは、3.2×22÷37＝1.90…より、1.9gである。

水溶液の性質
▶▶▶ 72・73ページの答え

1 (1) A　(2) A、B
(3) ① ×　② ○
(4) AとE

2 ①…キ　②…イ
③…ク　④…オ
⑤…ア

解説

1 (1) スチールウール（鉄）をとかして水素を発生するのは、塩酸だけである。鉄やマグネシウムは、塩酸にとけるが水酸化ナトリウム水溶液にはとけない。

(2) アルミニウムは、塩酸にも水酸化ナトリウム水溶液にもとけて、さかんに水素を発生する。あえんも塩酸、水酸化ナトリウム水溶液の両方にとけるが、水酸化ナトリウム水溶液にとかすときには、こい水酸化ナトリウム水溶液に入れて加熱する必要がある。

(3) ① A（塩酸）とB（水酸化ナトリウム水溶液）を5cm³ずつ混ぜ合わせると、Aの5cm³とBの4cm³が中和し、Bが1cm³残る。したがって、混合溶液はアルカリ性を示す。スチールウール（鉄）はアルカリ性の水溶液にはとけないので、気体は発生しない。
② A（塩酸）とB（水酸化ナトリウム水溶液）を10cm³ずつ混ぜ合わせると、Aの10cm³とBの8cm³が中和し、Bが2cm³残る。アルミニウムは水酸化ナトリウム水溶液にとけて水素を発生する。

(4) A～Fのうち、混ぜ合わせて気体が発生する組み合わせは、AとEの1組だけである。重そう水溶液は弱いアルカリ性であるが、これに塩酸などの酸性の水溶液を加えると、中和して二酸化炭素を発生する。重そうは「ふくらし粉」としてパンをつくるときなどに添加物として使用される物質で、加熱するだけでも二酸化炭素を発生する。

2 ① 塩酸は、塩化水素という気体の水溶液なので性質1にあてはまる。また、酸性の水溶液なので性質2にあてはまる。さらに、塩化水素はしげきの強いにおいのある有毒な気体であり、性質3にもあてはまる。したがって、図の**キ**にあてはまる。　② ホウ酸水溶液は、固体のホウ酸が水にとけた水溶液なので、性質1にはあてはまらない。酸性を示すので性質2にはあてはまる。においはないので性質3にはあてはまらない。したがって、図の**イ**にあてはまる。　③ 水酸化ナトリウム水溶液は固体の水酸化ナトリウムが水にとけた水溶液なので、性質1にはあてはまらない。また、アルカリ性なので性質2にもあてはまらない。さらに、においのない水溶液なので性質3にもあてはまらない。したがって、図の**ク**にあてはまる。　④ アンモニア水は、気体のアンモニアがとけた水溶液なので、性質1にあてはまる。アルカリ性なので性質2にはあてはまらない。アンモニアはきわめてしげきの強いにおいをもつので、性質3にはあてはまる。したがって、図の**オ**にあてはまる。

⑤ エタノール水溶液は液体のエタノールが水にとけたものであり、エタノールは気体になりやすい（気化しやすい）ので、性質1にあてはまる。中性なので性質2にはあてはまらない。また、特有のにおいがあるが、しげきの強いにおいではないので性質3にもあてはまらない。したがって、図の**ア**にあてはまる。

ハイレベル総合問題 水溶液の性質

▶▶▶ 74・75ページの答え

1 (1) X…水素　Y…二酸化炭素
(2) イ　(3) ア
2 (1) 食塩　(2) 4：3
(3) 10%　(4) 1.5g
(5) 12%

解説

1 (1) アルミニウムなどの金属が水溶液にとけて気体を発生する場合、その気体は水素であると考えてよい。気体Xは水素である。また、気体を水溶液にふきこんで白くにごるのは、二酸化炭素を石灰水にふきこんだ場合だけなので、気体Yは二酸化炭素で

145

答えと解説

ある。なお、実験3で発生した気体Zは、酸素である。
(2) 水溶液Bは過酸化水素水である。過酸化水素水に二酸化マンガンを加えたとき、二酸化マンガンは変化せず、過酸化水素水にとけている過酸化水素が分解して（こわれて）酸素が発生するので、過酸化水素水（水溶液B）の体積を変えなければ、発生する酸素の全体積も変わらない。二酸化マンガンの量を2倍にすると、酸素が発生する速さが速くなるだけである。
(3) ア～オの水溶液のうち2つを混ぜて、他の水溶液と同じものができるのは、水酸化ナトリウム水溶液と塩酸の中和（完全中和）で食塩水ができる場合だけである。したがって、水溶液Eは食塩水とわかる。

2 (1) 水酸化ナトリウム水溶液と塩酸が中和すると、食塩と水ができる。
(2) 水酸化ナトリウム水溶液の体積が10～30cm^3のときは、水酸化ナトリウム水溶液の体積と残った固体の重さが比例している。つまり、このときは水酸化ナトリウム水溶液がすべて中和していて、水酸化ナトリウム水溶液10cm^3が中和すると食塩が1.5gできることがわかる。55cm^3の水酸化ナトリウム水溶液と15cm^3の塩酸を反応させたとき、水酸化ナトリウムが3.5g残ったので、食塩は、6.5－3.5＝3.0(g)できているから、55cm^3のうち中和した水酸化ナトリウム水溶液の体積は、表より20(cm^3)である。これが15cm^3の塩酸とちょうど中和している。
(3) 55cm^3の水酸化ナトリウム水溶液のうち20cm^3が15cm^3の塩酸と反応し、残りの35cm^3の中にとけていた水酸化ナトリウムが3.5gであるから、水酸化ナトリウム水溶液の濃度Aは、3.5÷35×100＝10(％)である。
(4) 水酸化ナトリウム水溶液10cm^3（10g）にとけている水酸化ナトリウムは、10×0.1＝1.0(g)であるから、水酸化ナトリウム1.0gが中和して食塩になると、1.5gの重さになることがわかる。
(5) 55cm^3の水酸化ナトリウム水溶液のうち、15cm^3の塩酸と中和したのは20cm^3で、その中にとけていた水酸化ナトリウムは2.0gである。この水酸化ナトリウムと15cm^3の塩酸中にふくまれる塩化水素が中和して3.0gの食塩と0.8gの水になっているので、15cm^3（15g）の塩酸中にふくまれていた塩化水素の重さは、3.8－2.0＝1.8(g)である。したがって、塩酸の濃度Bは、1.8÷15×100＝12(％)である。

気体の性質

▶▶▶ 98・99ページの答え

1 (1) ×　(2) ×　(3) ○
　(4) ×　(5) ○　(6) ×
　(7) ○　(8) ○　(9) ○

2 (1) 水素　(2) ウ、エ
　(3) ウ

解説

1 (1) 金属が塩酸や水酸化ナトリウム水溶液にとけたとき、金属はもとの金属ではないまったく別の物質に変化している。したがって、金属を塩酸などにとかしたあとの液から水分を蒸発させると、もとの金属ではない別の物質の固体が残る。

(2) 二酸化マンガンに過酸化水素水を加えて酸素を発生させるとき、二酸化マンガンは過酸化水素の分解を助けるだけで変化しない。このようなはたらきをする物質は、触媒とよばれる。

(3)〜(5) アルミニウムは、塩酸にも水酸化ナトリウム水溶液にもとけて水素を発生する。塩酸と水酸化ナトリウム水溶液を混ぜた溶液に、どちらか一方が残っていればアルミニウムはとけ、ちょうど中和して中性になっているときは、アルミニウムを入れてもとけない。

(6) 銅は、ふつう、酸性の水溶液やアルカリ性の水溶液にはとけない。

(7) 石灰石は塩酸などの強い酸性の水溶液にとけて二酸化炭素を発生する。水酸化ナトリウム水溶液などのアルカリ性の水溶液にはとけない。

(8) 貝がらのおもな成分は、石灰石などと同じく炭酸カルシウムという物質である。炭酸カルシウムは、塩酸と反応して二酸化炭素を発生する。

(9) 石灰水に二酸化炭素を通すと、二酸化炭素が石灰水と反応し、炭酸カルシウムの白色沈殿ができて、溶液が白くにごる。これに塩酸を加えると、炭酸カルシウムが塩酸にとけて二酸化炭素を発生し、溶液はとう明になる。

2 (1) アルミニウムを塩酸に入れると、水素を発生してとける。

(2) 水素は空気より軽い気体で、空気中で火をつけると燃える。無色無臭で、水にはとけにくい。

(3) アルミニウムはすべてとけたので、水素が発生しなくなったのはアルミニウムがなくなったからである。このとき、塩酸もなくなっているか、残っているかは、アルミニウムがなくなったことだけではわからない。塩酸が残っていても、アルミニウムがなければ水素は発生しないからである。アルミニウムはこの反応で塩化アルミニウムという、金属ではない別の物質に変化していて、水分を

答えと解説

蒸発させるとあとに固体として残る。
ア…BTB液が青色を示すのはアルカリ性の溶液の場合であり、この実験ではアルカリ性を示すことはないので正しくない。**イ**…塩酸が残っていれば気体を生じるが、塩酸もちょうどなくなっていれば気体は発生しない。

アンモニア・気体の発生と量

▶▶▶ 110・111ページの答え

1 (1) ウ　　(2) 660㎤
　　(3) 1760㎤
2 (1) A…ア　C…オ　D…エ
　　(2) B

解説

1 (1) 塩酸をふやしても気体が発生しないのであるから、石灰石がなくなってしまったことがわかる。

(2) グラフの折れ曲がっている点は、塩酸50㎤と石灰石5gがちょうど反応して、二酸化炭素が1100㎤発生していることを示している。石灰石5gに塩酸を30㎤加えたときには、石灰石のほうが多いので、塩酸がなくなったとき反応は終わる。このときに発生する二酸化炭素の体積は、反応した塩酸の体積に比例するので、50：30＝1100：□、□＝660より、660㎤である。

(3) 塩酸100㎤には石灰石が10g（＝5×2）反応するので、8gの石灰石はすべて反応してなくなる。5gの石灰石が反応すると1100㎤の二酸化炭素が発生しているので、8gが反応すると、
$1100 \times \dfrac{8}{5} = 1760 (㎤)$発生する。

2 (1) 実験①より、A、Bは一方が塩化水素で他方がアンモニアである。実験②と合わせると、Aが**ア**の塩化水素、Bが**イ**のアンモニアとわかる。塩化水素の水溶液は塩酸である。実験②からはさらに、Eが**ウ**の二酸化炭素であることもわかる。二酸化炭素の水溶液は炭酸水とよばれ、弱い酸性を示す。実験③は、気体Cが**オ**の酸素であることを示している。ものの燃焼を助ける性質をもつのは、酸素だけである。実験①〜③で確認できていない気体DとFについては、実験④で重いほうのFが**カ**のちっ素、軽いDが**エ**の水素とわかる。

(2) アンモニアは、きわめて水にとけやすい気体なので、スポイトから入れた少量の呼び水にフラスコ内のアンモニアがほとんどとけてしまい、気圧が下がって、外の大気におされた水そうの水が、ガラス管を通ってフラスコ内に勢いよく入ってくる。これがふん水として観察される。BTB液はアルカリ性で青色を示すので、フラスコ内に残っているアンモニア

がぶん水の水にとけ、青色のふん水となる。フラスコ内に塩化水素を満たして同じ実験をすると、黄色のふん水が観察できる。

ハイレベル 総合問題 気体の性質
▶▶▶ 112・113ページの答え

1 (1) ア　　(2) アルミニウム
　　(3) 1.4g　(4) 4.8ℓ
　　(5) 2.4g
2 (1) 25%　(2) 90%

解説

1(1) 金属は金属だけのつぶからできていて、水素はふくんでいない。金属が塩酸と反応して発生する水素は、すべて塩酸がこわれて出てくる。

(2) グラフによると、同じ3.6ℓの水素を発生するときに反応する金属の重さは、アルミニウムが2.7g、鉄が8.3g、あえんが9.9gとなっている。このとき反応する金属の重さが小さいほど、金属1.0gが塩酸にとけて発生する水素の体積が大きい。

(3) アルミニウムが2.7g反応すると、水素が3.6ℓ発生している。反応するアルミニウムの重さと発生する水素の体積は比例するので、水素が4.8ℓ発生したときに反応したアルミニウムの重さを□gとすると、2.7：□＝3.6：4.8 より、□＝3.6(g)である。したがって、とけ残っているアルミ

ニウムの重さは、5.0−3.6＝1.4(g)である。

(4) (3)ではアルミニウムが残っているので、塩酸100cm³がすべて反応して水素が4.8ℓ発生している。水素はすべて塩酸がこわれて発生しているので、同じ100cm³の塩酸がじゅうぶんな量のあえんと反応するときも、(3)と同じ4.8ℓの水素が発生する。

(5) 10gのあえんが塩酸と反応すると、水素が、$3.6 \times \frac{10}{9.9} = \frac{40}{11}$(ℓ)発生するはずであるが、これは実際より、$6.0 - \frac{40}{11} = \frac{26}{11}$(ℓ)だけ少ない。あえん1.0gをアルミニウム1.0gに取りかえるごとに、$\frac{3.6}{2.7} - \frac{3.6}{9.9} = \frac{4}{3} - \frac{4}{11} = \frac{32}{33}$(ℓ)ずつ水素の体積がふえるので、アルミニウムの重さは、$\frac{26}{11} \div \frac{32}{33} = 2.4375$ より、2.4gである。

2(1) 100gの生石灰がじゅうぶんに水蒸気を吸収すると、重さが32gふえている。したがって、重さが4gふえたときに水蒸気を吸収した生石灰は、$100 \times \frac{4}{32} = 12.5$(g)である。したがって、50gの生石灰のうち、12.5÷50×100＝25(％)が水蒸気を吸収して消石灰に変化している。

(2) 100gの炭酸カルシウムがすべて塩酸と反応すると、25ℓの二酸化炭素が発生するので、18ℓの二酸化炭素が

答えと解説

発生するときに反応した炭酸カルシウムの重さを□gとすると、100：□＝25：18 より、□＝72(g) である。これは80gの石灰石の、72÷80×100＝90(％)にあたる。

ものの燃え方

▶▶▶ 136・137ページの答え

1 (1) a…空気（酸素）
　　　b…温度
　(2) 3→4→1→2
2 (1) ウ　　(2) ア、エ
　(3) イ、ウ　　(4) ウ

解説

1 (1) ものが燃えるためには、空気（酸素）があること、発火点以上の温度が保たれていること、燃えるものがあることの3つの条件がすべて満たされる必要がある。

(2) 図3と図4は、つつの内部が密閉されているので、まもなく酸素が減ってろうそくの火が消える。図3は図4よりも内部空間がせまいので、酸素が減った影響が図4よりも早くあらわれる。図1と図2はろうそくが燃えつきるが、図1ではつつの下のすきまから新しい空気がじゅうぶんに入ってくるので、図2よりも早く燃えつきる。

2 (1) Aは外炎とよばれ、うす青白色で見えにくいが、空気とじゅうぶんふれ合うので完全燃焼し、最も温度が高くなっている部分である。Bは内炎とよばれ、ろうの気体が不完全燃焼して炭素のつぶのかたまりであるすすが発生している。このすすが炎に熱せられてかがやくため、炎のうちで最も明るく見える部分である。Cは炎心とよばれ、気体のろうが発生していて、温度は最も低く暗い部分である。

(2) しめらせた木の棒やマッチのじくなどがこげるのは、最も温度が高い外炎にふれている部分（ア、エ）である。

(3) 金属の棒は燃えないので、外炎にふれている部分に変化は見られないが、内炎にふれている部分（イ、ウ）には、内炎で発生しているすすがついて黒くなる。

(4) 紙やろうそく、木、アルコールなどは、おもな成分として炭素と水素をふくんでいる。これらの物質が燃焼すると、炭素は二酸化炭素に、水素は水（水蒸気）に変化して空気中に逃げていく。そのため、燃焼後ははじめより重さが軽くなる。スチールウールなどの金属は、1種類の金属成分からできていて、燃焼すると空気中の酸素が金属に結びつき、逃げていくものが発生しないため、燃焼後は重さが重くなる。

ハイレベル 総合問題 ものの燃え方
▶▶▶ 138・139ページの答え

1 (1) 0.9ℓ　(2) 0.96ℓ
　(3) 空気…7.65ℓ　A…0.4g
2 (1) 1.6　(2) 1.6g

解説

1 (1) 0.8gのアルコールAを燃焼させるのに必要な空気が4.5ℓであり、その20%が酸素であるから、4.5×0.2＝0.9(ℓ)の酸素が必要とわかる。

(2) アルコールを燃焼させたあとの気体を石灰水に通すと、燃焼により発生した二酸化炭素が石灰水に吸収され、炭酸カルシウムができる。アルコールAが燃焼して発生し、石灰水に吸収された二酸化炭素の体積は0.6ℓであり、その二酸化炭素から生じた炭酸カルシウムの重さは2.5gであるから、アルコールBの燃焼により発生した二酸化炭素の体積を□ℓとすると、0.6：□＝2.5：4.0より、□＝0.96(ℓ)である。

(3) 1.0gの混合物がすべてアルコールBであるとすると、燃焼後の気体を石灰水に通じてできる炭酸カルシウムの重さは、4.0×1.0÷0.8＝5.0(g)である。0.1gのアルコールAの燃焼から、2.5÷8＝0.3125(g)の炭酸カルシウムができ、0.1gのアルコールBの燃焼から、4.0÷8＝0.5(g)の炭酸カルシウ

ムができるので、1.0gのアルコールBのうち、0.1gをアルコールAに取りかえると、生じる炭酸カルシウムの重さは、0.5－0.3125＝0.1875(g)だけ少なくなる。アルコールAとBの混合物1.0gの燃焼により生じた炭酸カルシウムの重さ4.25gは、アルコールB 1.0gの燃焼によりできる炭酸カルシウム5.0gより、5.0－4.25＝0.75(g)少ないので、混合物中にふくまれるアルコールAの重さは、0.75÷0.1875×0.1＝0.4(g)である。したがって、アルコールBは0.6gであり、0.4gのAを燃焼させるのに必要な空気は、4.5×0.4÷0.8＝2.25(ℓ)、0.6gのBを燃焼させるのに必要な空気は、7.2×0.6÷0.8＝5.4(ℓ)であるから、混合物1.0gを燃焼させるのに必要な空気の体積は、合計で、2.25＋5.4＝7.65(ℓ)である。

2 (1) 実験の③と④では、燃焼後の空気の体積が4.80ℓと変わらなくなっている。これは、マグネシウムの燃焼に使われた酸素の体積が③と④で変わらないことを示している。マグネシウムが酸素と結びつくと、結びついた酸素の分だけ重さがふえるので、燃焼に使われた酸素の体積が等しいときは、燃焼による重さの増加も等しくなっていなければならない。

(2) 実験①では、マグネシウム0.6gが燃

138〜139ページの答えと解説

焼して重さが 0.4g ふえていて、燃焼後の空気の体積が、6.0−5.7=0.3（ℓ）減っている。これは、0.6g のマグネシウムが 0.4g の酸素と結びつき、その 0.4g の酸素の体積が 0.3ℓ であることを示している。したがって、1.2ℓ の酸素の重さは、0.4×(1.2÷0.3)=1.6（g）であるとわかる。

（注）実験③や④から、燃焼後の空気の体積が 1.2ℓ 減少していて、重さが 1.6g 増加していることを読み取って答えてもよい。

●監修＝木村 紳一　　●まんが＝KAJIO
●まんが原作＝(有)きんずオフィス内藤祐子、KAJIO
●表紙デザイン＝ナカムラグラフ＋ノモグラム　　●本文デザイン＝(株)テイク・オフ
●DTP＝(株)明昌堂　　データ管理コード：18-1772-2951（CS2／CS3）
●図版＝(株)明昌堂、(有)ケイデザイン
◆この本は下記のように環境に配慮して制作しました。
・製版フィルムを使用しないCTP方式で印刷しました。
・環境に配慮して作られた紙を使用しています。

中学入試 まんが攻略BON！ 理科　水溶液・気体・ものの燃え方　新装版

ⓒ Gakken　　　　　　　　　　　　　　　　　　　　　　Printed in Japan
本書を代行業者等の第三者に依頼してスキャンやデジタル化することは、たとえ個人や家庭内の利用であっても、著作権法上、認められておりません。